转子系统载荷辨识理论与方法

张 坤 著

科 学 出 版 社
北 京

内 容 简 介

本书主要内容包括转子系统动力学建模与仿真、基于振动信息的转子系统载荷辨识方法、基于电机电流信息的转子系统载荷辨识方法、基于融合信息的转子系统载荷辨识方法、转子系统载荷辨识试验。通过转子系统载荷辨识试验获取了涵盖多种载荷激励状态的丰富原始数据，并以此为基础深入研究了转子系统所受载荷的辨识方法，为转子系统的载荷辨识研究提供了多种方法与思路，为机械装备转子系统动力学设计、运行监测、载荷辨识与故障诊断提供了理论依据和试验支持。

本书可作为高等院校机械、电气、矿山等专业的教学用书和毕业设计指导书，也可供相关领域科研人员、工程技术人员、研究生和高年级本科生使用与参考。

图书在版编目（CIP）数据

转子系统载荷辨识理论与方法／张坤著. —北京：科学出版社，2021.10
ISBN 978-7-03-068905-4

Ⅰ. ①转… Ⅱ. ①张… Ⅲ. ①转子结构-载荷分析 Ⅳ. ①TH133

中国版本图书馆 CIP 数据核字（2021）第 099365 号

责任编辑：裴 育 陈 婕 赵晓廷／责任校对：任苗苗
责任印制：吴兆东／封面设计：蓝正设计

科 学 出 版 社 出版
北京东黄城根北街 16 号
邮政编码：100717
http://www.sciencep.com

北京厚诚则铭印刷科技有限公司 印刷

科学出版社发行 各地新华书店经销

*

2021 年 10 月第 一 版 开本：720 × 1000 B5
2022 年 2 月第二次印刷 印张：10
字数：201 000

定价：80.00 元

（如有印装质量问题，我社负责调换）

前　言

转子系统在机械工程领域具有非常广泛的应用，同时也多是工业核心设备的重要组件，因此转子系统的正常运转直接关系着整台装备的运行与安全。监测转子系统受载情况，并对其准确识别与分析是确保工程设备结构可靠性与安全性的重要保证。工程实际中动态载荷的识别是一个难度较高且较复杂的系统性问题。机械结构动力学范畴内的载荷有周期载荷、冲击载荷和随机载荷等。在工作现场，有时很难对作用于结构的外载荷特别是冲击载荷进行直接测量或计算，甚至因载荷作用点的不可达使这种动态载荷不可测，因此必须利用载荷识别技术来确定。载荷识别是根据已知结构的动态特性和实测的动力响应求解结构的动态载荷，在结构动力学中属于第二类逆问题，其重点在于对系统与信号的非平稳特性及反演进行研究，涉及线性与非线性系统理论、数值计算方法，以及结构振动分析、信号分析与处理、计算机仿真等技术。

本书分别基于振动信息、电机电流信息以及融合信息进行转子系统载荷辨识，为转子系统的载荷辨识研究提供了多种方法与思路。本书在撰写过程中遵循理论与实践相结合的原则，力求表述准确，内容清晰，结构紧凑。

(1) 以研制的中速转子系统试验台与搭建的低速转子系统试验台为建模原型，分别推导出两类转子系统的弯扭耦合振动微分方程；建立中速转子系统在电机 *mt* 坐标系下的耦合数学方程和低速转子系统的机电耦合方程，并构建相应的转子系统动力学弯扭耦合模型与机电耦合模型；在几种典型载荷的分别作用下，对两类转子系统的振动与电机电流特性进行仿真分析。

(2) 面向振动响应信息，提出基于集合经验模态分解能量化和反向传播神经网络分类筛选的机械转子系统载荷定性辨识方法；分别基于五种不同类型载荷激励下的两类转子系统试验台，通过转子系统振动信号能量化分析，对得到的不同载荷作用下的各本征模态函数分量进行能量特征提取，用于表征不同载荷特性；以振动特征信息作为样本，提出通过反向传播神经网络模型来辨识载荷类别的方法；同时，采用极限学习机方法回归拟合转子系统各类型载荷激励。

(3) 提出转子系统电机电流信息强化处理方法。将快速傅里叶变换后的电流频域信号，运用奇异值分解方法除去信号工频成分，再通过小波包分析提取信号能量特征，以利于后续载荷辨识；提出不同类型的载荷激励下，基于电机电流信息的转子系统载荷定性辨识方法，利用学习矢量量化神经网络方法将测试集数据导入训练好的网络，从而得到输出的载荷分类；提出基于电机电流信息的转子系统载荷定量辨识方法，根据转子系统的动态激励和对应的实测电机电流响应，构建转子系统动态载荷定量辨识广义回归神经网络关系模型，再反求出转子系统所受载荷的幅值，通过希尔伯特模量法求得简谐载荷频率，进而实现简谐载荷的定量辨识。

(4) 针对不同类型的载荷激励，提出基于贝叶斯估计的转子系统载荷定性辨识方法，即将振动与电机电流响应信息转化到频域后，采用奇异值分解-小波包分析方法进行预处理，接着采用特征级融合中的贝叶斯估计方法分别对预处理后的样本进行概率计算，从而成功辨识出转子系统的载荷类型；基于融合信息，还提出转子系统载荷定量辨识的支持向量机回归方法；根据转子系统的动态激励和对应的信息响应特征点，构建优化的转子系统动态载荷定量辨识回归关系模型，进而回归出转子系统的载荷激励。

本书行文如有疏漏之处，恳请各位读者谅解并给予指正。

作　者

2021 年 5 月

目　　录

第1章 绪　　论

随着计算机与互联网技术的兴起，科学技术获得了长足发展，机械行业也向着自动化方向发展，其中最常见的旋转机械亦是如此。旋转机械的关键组成部分——转子系统，在整个机械装置运行过程中要达到可靠、稳定运行，需要达到更高的要求。此外，许多旋转机械设备结构复杂，转子系统所受外载荷类型多样，使得转子系统载荷研究变得更加困难。

随着国内外专家、学者围绕转子系统开展大量的探索与研究，人们越发认识到，辨识与监测转子系统所受载荷、分析与诊断转子系统的运行状态是保障机械设备正常工作的重要手段，可为企业带来经济效益与现实价值。

1.1 引　　言

在机械工程领域，转子系统的应用广泛而深远。特别是应用在重要机械装备，如发电机、电力供配电设备、采煤机械、矿井机械、掘进机械、离心式压缩机、制冷设备等上的转子系统，一旦发生故障尤其是灾难性故障，将带来严重的损失与后果。例如，许多高产能企业的重要压缩机设备往往要求连续运转，且面临的工况复杂，对其进行安全运行监测及故障早期预警就显得特别关键，若遭遇事故，必将引发严重后果与连锁损失。此类教训有许多，如美国TVA Gallatin电站、华能陕西秦岭发电有限公司、金陵石油化工公司栖霞山化肥厂等高产能企业就遭遇过因关键设备转子损坏带来的高额损失[1-4]；在湖南、新疆等地的矿业公司发生过提升设备转子系统事故[5]，直接导致几十人伤亡的恶性后果。一些设备需要频繁启动与关闭运行的模式，易导致转子系统发生裂纹故障：在外载荷频繁扰动下，转子响应信息会出现新特征，导致转子一方面沿着圆周方向出现裂纹，另一方面局部出现较深的裂纹。故障还会加剧系统自身所受载荷的变化，造成受载的多样性与复杂性。因此，转子系统所处地位与作用均十分突出与关键，有效保障其正常工作运转，科学避免事故的发生，会给国家和企业带来可观的社会效益与经济效益。工程中还会因为零部件设计、制造及安装的误差，使转子系统在工作期间发生多种受载情况。当然，更多的时候设备面临的现状是疲劳运行或存在潜在的故障隐患。这些旋转机械的工况与结构越来越复杂，正常运行的监测与保障问题越来越突出。因此，设备故障诊断时，最好能清晰地掌握转子系统的实际受载状况。

1.2　研究的目的及意义

机械转子系统在压缩机组、发电机组、电牵引采煤机、掘进机、矿井提升机与运输机等装备上都有应用，与这些装备研制相关的部门与企业往往都属于关系到国家经济命脉的重点行业。

1. 现实意义

转子系统的共同特点是：结构形式越来越复杂、安全问题越来越突出；所承受载荷与驱动电机功率多样化、影响载荷变化的因素也越来越多，且有些因素尚未探明。转子系统在运行过程中常会承受不同类型的载荷，例如，旋转机械起停机时承受的冲击载荷；平稳运行时承受的稳态载荷；发生不对中与不平衡故障时承受的简谐载荷；轧机往复轧制时，其轧辊系统承受的暂态载荷；缠绕式提升机运行过程中因提升钢丝绳重量变化导致主轴转子系统承受的线性载荷等。国内外学者围绕不同载荷类型进行相关研究，例如，Hou 等[6]对简谐载荷下一种杜芬式转子模型的非线性响应和分岔进行了分析。Bessam 等[7]利用神经网络研究了感应电机低负荷时的转子断条故障。Husband[8]针对典型涡扇发动机进行了径向冲击载荷下的振动响应分析。李震等[9]以轴-轴承系统为研究对象，分别研究了冲击载荷、简谐载荷、旋转载荷激励下系统的共振现象。

载荷辨识是已知系统响应和系统特性反推出系统的激励，是动力学的第二类反问题[10]。在实际情况中，确定载荷的方法有两种：直接测定法和载荷辨识法[11]。对当前载荷采用直接测定手段获取载荷量值时，会受各种现场条件限制；若无法直接获取，则只能通过动载荷作用下的动态响应进行载荷辨识[12]。因此，运转中转子系统所受载荷的确定在工程中是一个难点，同时是结构动态设计和运行状态监测的关键之一。转子系统载荷辨识是较为复杂的系统性问题，必须利用载荷辨识技术来解决[12]。

根据前述工业实际情况，载荷的发展趋势使得转子系统安全运行问题日益突出，一旦发生故障尤其是灾难性故障，将带来巨大的经济损失和人员伤亡事故。本书顺应当前学科发展的趋势和解决生产实践问题的紧迫需要，开展转子系统载荷辨识方法研究，揭示载荷辨识的深层因素，这对于转子系统综合特性的提升与完善、重大装备运转的稳定与安全均发挥着关键性作用，能够衍生可观的经济效益和社会效益[13]。

2. 理论价值

通过查阅大量相关文献，了解该领域的研究现状与未来发展，可以为开展转子系统载荷辨识研究提供理论基础，进而探寻新的学科交叉领域，从新的角度进行研究与诠释。人工智能技术的发展潜力巨大，但与转子系统载荷辨识领域的结合鲜有报道，而针对转子系统载荷特点进行定性与定量辨识的研究也不多见。同时，目前国内外基于电机电流信号分析(motor current signal analysis, MCSA)的转子系统载荷辨识研究尚鲜见，比较而言，利用电流对电机本身进行故障诊断的研究则相对较多。另外，将电流信号与振动信号进行融合处理后，也可以与转子系统载荷辨识研究相结合。

因此，这里选择以此为切入点，在前述工程中转子系统常见的载荷激励情形基础上[6-9]，整合提炼出五种类型的典型载荷，即冲击载荷、稳态载荷、线性载荷、简谐载荷和暂态载荷。“冲击载荷”指外载荷量值在极短时间内变化得非常快的载荷；“稳态载荷”指载荷量值不随时间变化而变化，始终保持稳定状态的载荷；“线性载荷”指外载荷随时间变化呈现线性变化规律的载荷；“简谐载荷”指外载荷随时间变化呈现简谐曲线变化规律的载荷；“暂态载荷”指在整个加载周期里，载荷量值在一段时间区域内相对于其他时间区域内发生突变的载荷，这种突变常持续数秒钟。针对不同类型的外载荷，可分别开展定性与定量辨识。针对载荷的定性辨识，即识别载荷的类型，可以初步掌握转子系统运行工况，为诊断转子系统故障类型提供依据；针对载荷的定量辨识，即识别载荷的具体量值，能够具体评价转子系统的运行状态及衡量转子系统故障的严重程度。由此提出研究思路：在振动方法基础上，将多学科优势方法如电机电流方法、融合信息(fusion information, FI)方法以及各种具体的人工智能技术，与转子系统载荷辨识研究相结合，构建新的学科交叉点，围绕转子系统载荷定性与定量辨识方法进行研究与探讨，并对这些方法进行综合分析与评价。

综合以上分析可知，探索“机械转子系统载荷辨识方法与试验”具有重要的理论价值与现实意义，可以得到新的转子系统载荷辨识的实用方法与技术，且具有较好的应用前景。

1.3　国内外研究动态

1.3.1　信息分析方法

1. 基于振动信息

振动信息是机械运转状态的重要响应指标，是监测、评价、诊断设备运行情况的有力依据[14]。在工程实际中，实测信号难免会受到各种干扰和噪声的影响与污染，造成信噪比下降。所以，在数据采集后和后续信息分析前，通常需要对实测信号进行预先处理[15]。振动响应信息分析即基于振动采集获得的真实性和稳定性较高的数据信息，综合利用有效的信号分析手段来突显信号的特征属性，从而有益于后续的机械状态评估与诊断[16]。下面主要从频域、时域和时频域三方面进行振动信息的动态综述。

1) 频域分析

基于频域的振动信号处理是工程中常见的方式之一。时域信号经傅里叶变换后即频域信息[17]。机械运行中振动信息的频率往往能够反映其工作状态、故障发生及载荷作用等，即在频谱中体现出各种频率量值，而特定频率的出现往往对应设备的特定工况。所以，通过对这些频率量值的提取与分析，可以反过来评估机械的运转情况。

振动信号的频域分析还有幅值谱、功率谱和 Hilbert 解调等方法[17]。文献[17]对各种方法的优劣进行了阐述。很多学者对振动信息频域进行了研究。例如，Mark 等[18]对压电传感器所获信号进行频域分析，提出了 ALR 算法并进行了啮合齿轮轮齿的损伤检测。Lin 等[19]研究了轴扭转振动信号在频域中的处理方法，并对常见的集中频域振动信号处理方法进行了比较。Sharma 等[20]对动态时间扭曲后的固有模态函数进行频域平均，不仅削弱了齿轮箱波动速度的影响，还提取出振动信号中被屏蔽的弱故障特征。柴庆芬等[21]将采集到的时域信号进行变换，并在频域内进行分析；在分析过程中采用了快速傅里叶变换(fast Fourier transform, FFT)方法，得到的频谱图形与真实频谱极为近似。方新磊等[22]对测得的加速度信号进行预处理，采用基于频域低通和带通的频域积分算法对低频趋势项和高频噪声进行消除，处理效果较好。

2) 时域分析

机械设备振动信号的时域分析原理简单，对周期信号敏感，其分析方法主要包括时域波形、相关分析和滤波处理等。它在故障诊断领域应用广泛，如轴承磨损现象及主轴不平衡故障等[17]。

国内外学者也对此进行了相关研究。例如，Pai 等[23]对振动信号进行处理时，在时域范围内提出共轭对分解方法，并进行信号分解。Nuawi 等[24]提出了交替时域分析方法对滤波的振动信号进行统计分析，并获得疲劳强度曲线拟合方程。Léonard[25]提出了在时域中运用正态概率图对振动响应进行评估，并根据结构的长度计算出振动响应实际值与正态分布之间的偏差，继而实现裂纹检测。孔德同等[26]运用时域法对风力发电机的振动信号进行分析处理，提取信号中的时域特征指标对故障进行诊断。房菁[27]将采集到的初始振动信号进行时域同步平均分析，提高信噪比，提取出有用的周期信号进而开展后续的信号分析。程晶晶等[28]通过振动测试试验，对由传感器获得的加速度信号进行两次时域积分，并对趋势项误差进行处理，实时获取随钻测井仪器的振动情况。

3) 时频域分析

时频域方法是将信息的时域特点与频域特点结合进行研究的一种方法。与前面的两种方法相比，该方法更适于复杂、非平稳的信号。具体的方法主要有短时傅里叶变换(short-time Fourier transform, STFT)、小波变换(wavelet transformation, WT)和自适应时频分析等[29]。

(1) 小波变换。

小波分析方法可以同时兼顾信号的低频与高频部分,实现时频窗的可变换性，从而获得较好的信息分析效果，特别是在机械运行状态评估方面应用较多例如，Kumar 等[30]在估计滚动轴承缺陷尺寸中，基于 Symlet 小波分解技术处理振动信号，以测量圆锥滚子轴承外圈缺陷宽度。Ahamed 等[31]提出了一种从电机起动电流包络分析中提取低频振荡的新方法，通过小波和希尔伯特变换诊断感应电机转子断条故障。刘瑾等[32]在旋转叶片的振动信号分析中采用小波变换对振动信号进行去噪处理。该方法具有较好的去噪效果，在减小振动位移测量误差方面也有显著的效果。罗小燕等[33]采用小波分析方法，对球磨机轴承座的振动信号进行了特征提取。张征凯等[34]针对机电液系统实施状态评判，以系统交流电机电流为研究对象，在获取特征信号时采用小波变换方法，并证实小波变换作为特征提取方法的有效性。

(2) 自适应时频分析。

前面提到的小波变换方法也有不足之处，主要体现在：受到 Heisenberg 定理的制约，并且缺少自适应性。即使对于基函数小波变换，所具备的“自适应”也具有明显的局限性。与之情况类似的，还有基函数短时傅里叶变换等。真正的自适应时频分析是从信号能量的角度进行相关分析与研究，从而拓展时频域的研究纬度，也更适合非线性信息的分析。

经验模态分解(empirical mode decomposition, EMD)方法是一种自适应的信息分析方法[35]，其信号分辨率高且能自行决定基函数。这一方法对时变信号、非平稳信号的应用效果较突出。例如，Cai 等[36]探索故障诊断方法，以系统的振动信号为目标分析对象，运用 EMD 方法实施信息处理。Duan 等[37]提出了一种在时频域获得有载分接开关振动特性的方法，从而有效实现了故障诊断。Haran 等[38]将 EMD 与希尔伯特-黄变换(Hilbert-Huang transform, HHT)相结合，进行振动信号特征分析。该技术将时频域振动信号分解为固有振荡模式，进而提供时频分布，可以可靠地进行抗扭轴承损伤检测。Wang 等[39]提出了通过静电感应与 HHT 信号处理进行旋转轴径向振动测量的新方法。李敏通等[40]运用 EMD 对获取的缸盖振动信号进行分解,继而运用分解得到的相关时频域特征参数进行柴油机的故障诊断。刘建敏等[41]提出了基于 EMD 和 STFT 相结合的时频分析法，运用该方法可选择窗函数及窗宽，从而获得最佳时频分布。杨仁树等[42]改进了传统 EMD 方法，提出将 EMD 和频率切片小波变换(frequency slice wavelet transform, FSWT)相结合，具有较好的消噪效果。目前，EMD 方法的发展方兴未艾，学者仍围绕该方法不断探索与完善，修正其不足之处。

由以上分析可知，各种方法既有其长处，也有其短板。因此，在进行振动特征信息的提取与分析时，需要择取与之相适合的方法与手段，以达到较好的目标拾取效果。

2. 基于电机电流信息

机械转子系统的常规监测方法是给待测体布置振动传感器，获取响应信息，再通过振动信息分析与评估设备运行状况。例如，Bednarz 等[43]通过将四个单轴应变式测力传感器安装在梁底面，来辨识区域内负载。然而，实际应用中有时存在振动监测信息不完善及测点布置困难等问题。同时，在设备复杂或环境嘈杂等恶劣情况下，常规的振动诊断与检测方法的效果不佳。

在电机研究范畴里，有一种方法可以专门用于评估动力电机自身状态与问题，该方法为“电机电流信号分析方法”。它是基于电机电流的电机状态监测方法，即监测、分析、评估电机定子电流信号。该方法基于电机电流测试，较容易实现相关信息监测，可以作为振动信息方法的有效替代，乃至超越[44]。电机中转子电流与定子电流之间存在关联，彼此发生交互作用。这样，一旦遭遇故障或变载工况，定子电流就会反映出相应的变动[45]。因此 MCSA 为机械载荷辨识与故障诊断提供了一种新的研究角度与思路[46]。事实上，目前国内外基于电流的转子系统载荷辨识研究还尚少。

与 MCSA 方法相关的研究大多是围绕电机展开的，例如，美国得克萨斯大学通过永磁同步电机定子相电流来辨识电机的消磁和静态偏心故障[47]。芬兰拉彭兰塔工业大学针对基于电机相电流测量的离心泵运行监测及其能源效率进行了研究[48]。Cameron 等[49]利用电流方法监测大型三相感应电机空气隙偏心，并通过专用故障试验装置现场测试所得的试验结果验证了理论预言。Schoen 等[50]利用定子电流监测技术进行电机轴承的损伤检测，并经过了不同轴承故障试验的验证。美国佐治亚理工学院利用变速器驱动感应电机定子电流检测负载不平衡和轴偏差[51]。英国哈德斯菲尔德大学(以下简称“哈校”)在 MCSA 方面进行了深入探索，并与国际诸多高校广泛开展合作研究。哈校基于动态时间规整(dynamic time warping, DTW)的定子电流信号，进行电机驱动器故障诊断分析，结果显示，DTW 能够突显与故障相关的边带分量，特别是残余信号的均方根(root mean square, RMS)值可以表明在变化流量压力下正常情况和不同故障之间的不同[52]。Gu 等[53]使用改进的双谱电机电流信号分析进行下游机械设备的故障诊断，即双谱峰与原始电流信号的峰度值相关联，这样双频谱特性能够产生可靠的故障分类结果。哈校、曼彻斯特城市大学与重庆大学合作研究，利用 DTW 故障诊断方法进行电机电流信号分析，从而直接在时域获得残余信号，然后在不同的负载和转速下，基于这些残余信号提取特征来检测和诊断电机与组件的故障[54]。哈校与太原理工大学合作研究，使用调制双谱电机电流信号分析进行下游齿轮箱故障诊断，根据故障分析研究了电流信号的幅值、频率和相位特征，然后探讨在检测电流信号中的弱调制组件时 MSB 的分析效果[55]。哈校与山东科技大学共同研究，使用电机电流信号进行基于相位补偿 DTW 的故障诊断，即在不同的工况条件下检测和量化二级往复式压缩机的各种故障[56]。哈校还与太原理工大学、重庆大学共同研究了用于定子电流信号故障诊断的调制信号双谱分析方法[57]。

清华大学提出了多回路法,用于保障和评估规模化发电机的状态与异常情况,从而使设备得以正常运行[58-61]。太原理工大学提出机械系统故障会引起齿轮啮合刚度的转变，进而波及电机定子的电流，反向求解即可诊断故障[62]。西南石油学院研究发现流量变化与电机电流之间存在某种规律,通过借助图示表达两者关系,对于离心泵的运行状态评估具有可行性[63]。华侨大学针对电机转子进行了评估与诊断，认为可以将 MCSA 用于故障推断，并结合模糊推理原理一并展开相关分析[64]。北京航空航天大学基于 Ansoft/Simplorer 建立了无刷直流电机系统的仿真模型，特别针对故障偏心展开了相关问题的研究[65]。北京交通大学等根据牵引电机轴承失效对电机运行参数的影响，将其故障归纳为两类，即全面的轴承磨损，以及小范围内个别处发生的损坏，且这些故障能够在响应信号谱图中得以体现；另外，将基于定子电流小波分析的机车牵引电机轴承在线故障检测方法，应用于 HXD2 型机车线路上并得到验证[66]。

电机电流方法主要可分为两类：动态模型法和响应信息法。动态模型法首先需要建模以得到一个确切的系统仿真模型，然后利用拾取电机的输入输出信息辨识电机的参数。对于组成参数与设计模型，一般其工程意义明确，所以辨识载荷时不同的参数情况就具有一定的理论根据。而直接对电机实现准确建模往往比较困难，电磁参数的辨识又要求一个准确的模型。响应信息法是基于分析与研究电机的相关响应信息，如振动、电流等，对其幅值、频率等特征量进行提炼，通过其所包含的工况信息来辨识外加激励。由于不需要实施电机的精确建模，所以这种方法也具有较大的优势。

1) 动态模型法

(1) 状态估计法：通过滤波等环节预测与评价所研究的电机，然后放大包含于残差序列中的故障信息。电机一旦运行异常，对其故障的检测与诊断是基于分析残差序列来实现的。状态估计法需要满足一个前提才具有可行性，即要求所建立的数学模型准确、可靠。然而，现实中由于存在外在条件干扰，难以通过直接观察来获取准确的电机系统状态，故该方法具有一定的局限性。

(2) 参数估计法：对电机实施建模分析，并且对其转动惯量、电阻等参数进行预估，之后再通过求解电机物理参数与模型参数的关系获得电机物理参数，利用这些参数就可以有效表征故障模式。文献[67]探究如何进行故障的判别，同时对激磁系统等完成模型的构建；文献[68]和[69]基于直流电机，建立了相关的数学模型，同时进行了参数估计等研究；文献[68]基于神经网络方法，通过电机故障种类和与之相对应的指标参数开展了故障辨识研究；文献[69]在电机运转工作的情况下，对其运行指标进行了辨识研究。

2) 响应信息法

由于信息分析法的不断发展，利用响应信息法对电机故障进行评估与判决的应用也越来越多。通过采集获得的频谱往往能够对机械转子系统的运行状态优劣进行表征与体现。这些响应信息的频谱中包含故障特征，如在电流响应信息或者振动响应信息中常涵盖与体现各种状态信息。文献[70]～[72]通过探讨响应信息的频谱来分析电机的相关振动问题。文献[73]～[76]表明，周期性特征信号的特点在其本身频谱特性中可以体现，因此频谱分析对交流电信号也一样适用。小波分析是一种常见的时频分析方法，其特性是分辨率高，局部信号特征不管在频域还是在时域都能得到较好的体现，被形象地称为“数学显微镜”，对于系统的非平稳响应信息也具有很好的适用性。

在机械系统状态监测与评估研究朝着智能化方向不断发展的情况下，需要综合以上各种方法，不能单一评价其优劣。当遇到待评价或诊断的状态或故障较冗杂无绪时，将诸类方法的优点结合起来势在必行。建立模型并解析、利用信号分析技术对目标系统进行研究，从人工智能的视角来看，这种方法也能够看作是提取与展示目标特征信息的方法，同时也是一种信息“再生”和推断的方式。通常较好的状态监测与故障评估结果，需要通过将这些技术与手段融合应用来获得，以最大限度展示其各自优势并抑制其短板。

总之，目前国内外基于电机电流的转子系统载荷辨识研究尚鲜见，比较而言，利用电流对电机本身进行故障诊断的研究相对较多。因此，可以利用交流电机定子电流信号随转子负载变化的特性，将电机学中的 MCSA 理念引入转子系统的载荷辨识领域。

3. 基于融合信息

信号融合技术起源于 20 世纪 80 年代，它是将来自多传感器或多来源的信息进行协调优化和综合处理，产生新的有价值的信息，以得出更为准确、可信的结论。它也是多学科交叉的产物，不断融合人工智能、数据统计等先进技术手段，提高目标系统在时间上和空间上的覆盖范围，改进对目标的检测和辨识能力[77]。虽然该方法尚处在不断的变化和发展过程中[78]，但随着科学技术的迅猛发展，人们将越来越多地认识到它的重要性[79]。

鉴于融合技术的这一特性，可以尝试在转子系统载荷辨识领域引入融合技术与方法，兼顾各传感器的信息获取，提高多来源信息的利用与置信度[80]。很多学者对该方法进行了研究。例如，加拿大滑铁卢大学利用 Dempster-Shafer 证据理论进行了基于多传感器融合信息的发动机故障诊断。通过多种传感器信息，如振动、声音、压力和温度，来检测和辨识引擎故障[81]。Safizadeh 等[82]利用多传感器数据融合技术，通过加速度计和测力传感器进行滚动轴承振动故障诊断，提出了由六个模块组成的状态监测系统(CBM)：传感、信号处理、特征提取、分类、高层次的融合和决策，并证实了方法的有效性。韩国国立釜庆大学与澳大利亚昆士兰科技大学合作研究了多主体决策融合的电机故障诊断，提出了一种故障诊断决策融合系统，从不同类型的传感器和多信息源分级器决策来集成数据源。试验结果表明，与单一数据来源的个体分类器相比，该系统具有更佳的分类性能[83]。加拿大麦克马斯特大学利用异类多传感器信息的随机融合进行稳健数据决策，为实现稳健决策，基于概率理论和随机微分方程，提出了多传感器网络的随机融合框架[84]。Cai 等[85]提出了基于贝叶斯网络融合信息的地源热泵系统故障诊断方法，提高了地源热泵的诊断精度。Saimurugan 等[86]通过在机械故障模拟器中以各种速度进行模拟，研究了各种旋转机械故障的信号，尤其是从传感器中获得的振动信号数据和从传声器中获得的声音信号，从这些信号中提取出最佳特征进行融合，以获得更好的旋转机械故障诊断效果。

北京信息科技大学运用 Dempster-Shafer 证据理论及神经网络，针对烟气轮机故障进行了决策级信息融合[87]。兰州交通大学将融合信息方法应用到滚动轴承故障诊断之中，以滚动轴承小波分解后的能量信息作为特征，通过神经网络作为分类器对滚动轴承故障进行辨识，经过一定的融合信息分析处理，可较为准确地辨识设备的故障[88]。中国人民解放军海军工程大学通过融合信息方法处理直流电机的多种采集信号，实现了较好的故障诊断效果[89]。上海交通大学和中国工程物理研究院合作研究了基于信号分析的无模型检测方案和融合信息技术，并对支撑座早期松动故障进行了检测诊断[90]。在车辆辨识方面，田寅等[91]结合自主研发的地磁传感器网络，将传感器所得信号运用最大似然法和皮尔逊相关系数进行数据融合，获得准确性更好的车辆特征信号，用以对车型进行分类。同样是对车型进行分类，焦琴琴等[92]却提出了与田寅等不同的基于车辆声音和振动相融合的车型辨识方法。郑建颖等[93]通过磁传感器和超声波传感器分别获取道路上的磁信号和超声波信号，对两种信号进行融合进而对车辆进行检测。在机械故障诊断方面，王江萍等[94]通过对多个振动传感器采集到的机械系统不同位置的信息进行融合并进行特征提取，对机械系统开展故障诊断。徐健等[95]针对动平衡转子故障诊断问题提出了基于垂直、实现水平方向振动信号融合的双边谱方法。

展望这一新方法，未来将有如下几个发展趋势。

(1) 对融合算法进行不断地修正与完善，使得系统的整体效能得到有效提升。其发展方向是综合各种智能计算方法，包括支持向量机、神经网络、模糊逻辑方法等[96]，因此深化探究融合信息方法具有重要的理论意义。

(2) 针对融合信息效能提升，相关先验数据的充分运用有待深入地分析与探讨。对于多传感器融合问题，尤其在进行巨量冗繁的数据运算时，软硬件的并行工作性能将显得尤为重要。考虑具体情况，对融合信息的结果做出合理的评价[97]。

(3) 非线性估计、多头追踪等典型命题一直是融合信息的探索焦点。

(4) 在融合信息过程中，与其他新技术相结合。例如，引入人工智能技术，其强大的认识功能使信息融合成为可能。“人工智能”是通过计算机来模拟人的思维习惯，并对知识信息进行处理的技术。在数据关联与特征提取、目标跟踪与分类等融合模型的探索中，专家系统、神经网络等人工智能技术均取得了一定成效，但现实应用中还有一些方面有待研究人员解决与探索[78, 98]。

综上所述，融合信息技术一定程度上提高了系统在时间和空间上的覆盖范围，改进了对目标的检测与辨识能力。同时，它也结合了诸多前沿学科与热门应用。但由于是基于电流信号与振动信号异质媒介，且以电机拖动的转子系统为研究对象，所以目前对此的研究还尚鲜见。

1.3.2　转子系统载荷辨识方法

1. 研究概况

由于机械设备的设计性能提高、结构日趋复杂，进而对转子系统的负载能力提出了越来越高的要求，所以对转子系统的强度和寿命的要求也随之提高。如果转子系统的负载超出其既定设计，则后果将不堪想象。机械动力学领域中，载荷种类很多，有冲击载荷和周期载荷等。在工业现场，直接监测机械转子设备的受载情况有时十分困难，动态载荷测试往往不易实现，因此载荷辨识方法的研究与应用就显得十分必要[99]。在对机械性能的设计需求日益提高的情况下，现实应用中需要解决如何判定机械转子系统外载荷的关键问题。因此，对于转子设备的正常工作、监测与诊断，准确地辨识载荷非常关键。同时，在转子系统的结构设计与改进方面，有效确定转子系统外载荷激励也具有重要的理论研究意义。

载荷辨识实际上就是求解系统所受外加载荷的过程，也是建立在对载荷作用下的系统响应信息进行实测、确定系统结构自身属性的基础上展开的相关研究。

在动力学范畴，可以把它归为第二类逆问题[100]。工程实际中动态载荷的辨识是一个难度较高且较为复杂的系统性问题。研究信号非平稳特性及其反演是辨识动载荷的关键之处[101]，可以利用多种技术具体实现，如信号预处理技术、系统线性与非线性理论，以及计算机仿真与振动分析技术等[102]。各国研究人员围绕载荷辨识领域进行了相关研究[103,104]。例如，Dobson 等[105]对实测结构响应数据的激励力间接计算进行了评论。Inoue 等[106]总结了冲击力间接测量的逆分析方法。Jankowski[107]研究了动态负载时空特征的离线识别问题。Klinikov 等[108]对有应用价值的时域载荷重构方法进行了综述与分析。Yu 等[104]对桥面移动载荷的辨识问题进行了研究和回顾。弗罗茨瓦夫理工大学针对 4×4 高速车辆进行载荷辨识测试，用来确认车辆是否满足要求[109]。Movahedian 等[110]用近似的格林函数来辨识基尔霍夫板上的载荷。Gao 等[111]利用正则化方法中最小二乘解构造以正则化参数为自变量的函数，并进行悬臂梁的载荷辨识研究。周盼等[112]对目前广泛应用的动载荷辨识方法进行概述、总结，分析了各自的优缺点，并指出选择合适的辨识方法的重要性。杨智春等[113]则从不同角度对动载荷辨识方法进行总结，将动载荷辨识方法分为确定性结构的动载荷辨识方法和不确定性结构的动载荷辨识方法两大类。

应用较广泛的频域法与时域法体现了主要的载荷辨识思路[105, 114]。频域法问世相对较早，理论基础也容易理解，即进行辨识时可以反向求解频响函数[115, 116]，文献[113]对频域辨识方法做了比较全面的归纳。时域法发展较快，主要有利用冲击力假设的积分方法[117, 118]。

对载荷进行辨识的方法中，一般有频响函数求逆法、最小二乘法和模态坐标变换法等，这些方法都归于频域法范畴，具有较为宽广的应用背景。使用频响函数求逆法时，在动态载荷的辨识过程中，唯一需要做的是确定响应谱与频响函数矩阵。频响矩阵运算求逆时，一旦激励点比响应点总数少，就不满足此法的适用条件；这时激励力的获取可以通过计算它的最小二乘解来具体实现，这一方法也可以看成是对频响函数求逆法的推广。针对固有频率与低频，以上两种方法均存在不足，即辨识频率的准确性较低。现在具体改进方法主要有两种，一种是利用奇异值分解(singular value decomposition, SVD)技术，另一种是利用相干函数。作为阈值的相干函数对异常矩阵有较好的控制，但是辨识误差仍较大，故如何合理选取阈值依旧有待研究的深化。利用模态坐标变换法进行载荷特性的辨识，其必要条件是需要了解系统模态振型与固有频率[119]。辨识结果的误差大小与模态选取及截断等有密切关系。由于该方法只对特定长度的信号样本敏感，所以更多情况下频域法更适合处理的载荷是稳态类型。例如，Bartlett 等[120]针对直升机主轴展开研究，建立了动力学模型并辨识了轮毂载荷的相位与幅值，同时加以验证。Hansen 等[121]发现在共振区域的周围，病态条件会出现在直接使用频响函数求逆法时，若估计条件数使用最大列和范数，随着载荷数目的增加，辨识结果的精度会降低。Karlsson[122]分析了频响函数的特点与功能，同时也研究了其稳定运算的问题，并实现了目标载荷在干扰环境工况下的有效辨识。

与传统频域法相比，稍晚提出的时域法对信号样本的适用性更好，因此许多信号均可以通过时域法获得较好的辨识效果。此外，时域法尤其适合处理暂态及冲击载荷；对于非线性系统，时域法更有优势[123]。然而，时域法也存在不完善的地方，例如，辨识后与真值仍有一定差距，且对应用条件要求较高等[112]。参考国内外时域法的相关研究，例如，Giansante 等[124]利用加速度响应计算了飞行状态下 AH-1G 直升机的外载荷，并得出这些外载荷主要作用在主轴和尾桨上。在这个过程中，系统传递矩阵是很重要的辅助工具，系统轻度非线性问题可得到很好地解决。Xu 等[125]提出并发展了一种逆压力载荷辨识方法。通过将测量结构响应(应变、位移和速度场，例如，可以用三维数字图像进行相关测量)作为输入数据，结合数值模拟确定施加在结构上的压力载荷。刘恒春等[116]也对载荷辨识问题展开了相关研究，他们以飞机平尾为目标对象，利用奇异值方法分析矩阵方程。宋波等[126]利用脉冲响应函数建立了载荷辨识模式，为离心机所受外载荷的研究奠定了必要的基础；另外，具体辨识了转辊的不平衡量，结果表明该方法基本上能反映不平衡的增减变化趋势。

2. *发展趋势*

随着计算机技术的发展，一些新算法逐渐被引入动态载荷辨识领域[127-130]。其中，人工智能技术在动载荷辨识领域具有很好的发展前景[8]，其具有以下特点：适用于各种动载荷，并具有较高辨识精度；辨识模型稳定；具有较强的抑噪能力等。因此，为解决非线性、不确定性等结构系统的动载荷辨识开辟了一条有效的途径[131]。其中，模糊逻辑、神经网络与专家系统结合的模型是目前人工智能领域的研究热点之一[132]。例如，朱奥辉等[133]通过建立神经网络对提取的声发射信号特征进行了辨识，结果表明该方法能很好地辨识机械密封端面在工作过程中所处的摩擦状态。Yu 等[134]提出了基于支持向量机的潜水柱塞泵工况诊断模型。Zhang 等[135]研究了水炮试验的径向基函数神经网络(radial basis function neural network, RBFNN)故障诊断技术。Li 等[136]通过实际测量和分析电机轴承的振动响应信号，利用反向传播神经网络(back propagation neural network, BPNN)有效辨识了电机系统的轴承故障。

未来，关于载荷辨识方法的研究还将不断向纵深方向发展，具体如下。

(1) 多来源信息集成：机械设备在工作时，往往呈现出如振动、发热、电流变化等不同的响应形式。为了整合这些复杂信息，需要去除多种信号之间的潜在重复部分，以实现优势互补，进而提高载荷的识别准确性。这也是未来载荷辨识技术的新方向。

(2) 现代智能方法融合：引入各种现代先进的智能识别技术，并彼此有机融合，最终提升目标辨识效果与效率。这类混合型方法的模式，如支持向量机或神经网络等，可配合其他分析手段共同实现优良的整体辨识效能。这也为未来的载荷辨识技术提供了一种思路。

动态载荷辨识技术出现得较晚，时至今日其发展也不过三十余年，尤其是对机械转子系统的动态载荷辨识技术更是处于初始阶段。因此，对于转子系统的载荷辨识仍有许多问题亟须解决，这也需要更多的学者对此开展更加全面和深入的分析与研究。

1.3.3 振动与电机电流信号监测技术

1. 扭转振动监测方法

弯曲振动(弯振)和扭转振动(扭振)是经典转子系统机械振动中最常见的两种振动类型。弯振的相关研究已经比较成熟，如弯振发生时机械设备状态、弯振发生的原理、弯振的监测与计算等已有完整的研究结论，在工程设计方面也一般只从弯振角度大致考虑振动稳定性；而对扭振来说，由于其存在性弱，一般工程设计中不进行考虑，但是扭振在设备长期运行过程中会造成机械故障甚至严重灾难。对转子系统扭振的测量包括对转子的扭角和角速度差的测量。通常，将扭振测量方式大致分为接触式测量和非接触式测量两大类[137-141]。例如，20 世纪初德国盖格尔发明的机械式盖格尔扭振仪，至今仍作为一种对低速柴油机扭振进行测试的基本测试方法。该扭振仪属于接触式测量仪器。此外，接触式测量仪器还包括英国的 G318、丹麦的 DISA 和上海内燃机研究所电感调频式测试仪等。非接触式测量方式则出现较晚，国内尚未开发出相应的测试仪器，而国内主要进口的美国 Atlanta2521 型扭振仪等仍是模拟电路式，其具有抗干扰能力差，低频、低扭角测试难度大，价格较高等缺陷[142]。因此，在我国这一测量设备多处于束之高阁的局面。

在实际的扭振测量中，可以从三个方面对测量方法的设计实现进行分类。从测试用设备角度分，有激光式、双加速计式、编码器式、光电式和磁电式等；从待测目标角度分，有贴片式、反光带式、码盘式等；从信号传输角度分，有盖格尔式、滑环式、无线式、脉冲引线式等[13]。

这些测量方法各有千秋。上述第一种分类中，激光式测量方法有着测点安放便利、无须设置基准等优点，但是其测量结果会受到弯振和截面圆度误差的影响，测量精度不高。此外，由于激光式测量设备价格昂贵、结构复杂，现阶段该测量方式并没有得到大幅度推广。双加速计式测量方法需要将两个相同的传感器对称安置于沿转子切向位置，这种方法使转子系统原有的结构受到了破坏。不仅如此，双加速计式测量时，传感器会与转子系统一同旋转，安装传感器时需要一定的预紧力，确保旋转时不会脱落。再者，用双加速计式测量方法进行测量时，产生的电荷信号很弱，难以将该信号进行输出。与激光式和双加速计式相比，编码器式测量方法的测量效果较好；但是进行更高精度的测量时，编码器成本会随之增加，使得测量成本大幅增加，并且精度高的优质编码器对测量环境也有很高的要求，这对大型旋转机械设备来说很难实现。光电式测量方法同样对周围环境有较高要求，在测量时需要在转子系统周向粘贴大量的反光带，在实际测量过程中反光带准确度相对较低。比较而言，磁电式测量方法最大的好处就在于其测试精度优良、不易受外界干扰信息的扰动。

第二种分类中，各种扭振测量方式也有利有弊。贴片式电阻应变计在测量扭振过程中要求满足较高的工况条件，如需要在布置时进行弯振干扰的消除、自动对温度影响进行补偿、在高温测量时需要进行绝热保护。反光带式测量不仅需要使用光敏传感器，还需要在测试前人工定位粘贴反光材料，因此容易加大测试误差。比较上述两种测量方式，码盘式测量方法的前期准备工作量少、测量过程对旋转机械运行状态没有影响。码盘式测量方法在数控加工中心已得到广泛应用，该方法能监测数控加工中心的运行，有效保证了分度齿加工的精度，使用期效长。

第三种分类中，盖格尔式测量方法出现时间早，其信息采集借助机械运动实现。由于自身固有结构原因，以及测量流程中各环节较容易引发额外的振动干扰，所以有时其测量准确性有待商榷。而由于自身动静结构特点，滑环式测量方法会出现两部分之间的接触电阻欠稳定的问题。此外，滑环式测量方法还会因静电干扰而使信噪比降低，由于测量时接触电阻发热磨损，所以测量时间较短、不可进行长时间持续测量工作。无线式测量方法相比于上述两种测量方法，所需测量设备较多，对安放及维护各测试组成部件的要求也较严苛。被测信号在输送途中也会受到现场其他设备的电磁干扰，采集信号稳定性和精度不高。脉冲引线式测量方法采集信号的精度和可靠性高于前三者。该方法跨越前述方式，可以实现信号的直接获取，有效规避前述方法中的不足。

2. 电机电流监测方法

在由电机拖动的机械系统中，电机通过联轴器与机械设备进行连接。因此，电机也会受到机械部分的波动与影响。当变载荷作用于后者时，必然通过传递引发前者电流的变化。对电机的机械结构进行分析可知，电机中定子与转子绕组之间可以视作电磁耦合电路，电机运转的变化势必会引起定子与转子之间的电磁耦合电路中磁通量发生变化，则电流在定子中也随之改变。基于此分析，机械转子系统的载荷辨识可以与电机电流方法相结合，即载荷可以通过电流分析来辨识。MCSA 相比于其他的载荷辨识方法有以下优点[143, 144]：①传感器安装方便，不易受到外界环境的干扰；②无须接触被测物便可以直接获取测量信号；③测量精度高，测量效果好。

电流传感器安装方便，并且精度较高，许多研究都采用电流传感器进行电流信号的监测与获取。Soualhi 等[145]在试验中使用三个电流传感器来获得电机定子电流信号，方便后续的电流信号特征值提取以及转子系统故障诊断。Çalis 等[146]同时通过电压传感器、霍尔效应型电流传感器和加速度传感器进行电机电压、电流、加速度的监测，并使用数据采集仪进行信号值的记录，为后一步的信号分类与去噪做好准备。Bravo 等[147]搭建了测量齿轮箱故障的试验台，通过在试验台上安装电流传感器进行试验，并用采集器对信号进行采集，输入计算机方便进行下一步分析。Zhang 等[148]搭建了测量齿轮磨损的试验台，在试验台的电力测试单元，分别在电机上安装电压与电流传感器，用数据采集仪对转子电压电流信号进行采集，并通过数据收集分析之后存储于计算机以便后续特征提取。

张东花等[149]用 MOSFEI 导通电阻代替电流传感器进行无刷直流电机电流检测。张冉等[150]利用电机电流信号分析法监测油田高压电机时，采用测试仪器 ATPOL 采集电机的电压电流信号，后续对电流信号进行傅里叶变换和调解分析，从而进行电机故障预警。邱志斌等[151]开发出隔离开关驱动电机定子电流信号采集系统，该系统由霍尔电流传感器、数据采集卡和 LabVIEW 软件平台组成。张征凯等[152]采用非接入式测量方法，同样采用霍尔电流传感器获得电机定子电流信号。汪虎强等[153]针对分布在不同位置的三相电机工作电流相位的检测，设计了一种分布式体系结构的电机电流检测系统。荀兵[154]利用电流互感器和电流变送器将大交流转换为小直流，继而实现电机运行状态实时监测，该方法具有较高的可行性。

由上述研究动态可知，虽然对转子系统的相关研究已经引起了许多研究人员的重视，但是对转子系统的载荷辨识却仍欠缺。虽然已经有许多学者利用电机电流信号进行机械设备状态监测和故障诊断，但是利用电流信号进行载荷辨识的相关研究仍不多见。

1.4 主要研究内容

本书明确转子系统载荷辨识的物理机理，建立转子系统动力学仿真模型，寻求计算简练的信号处理与分析算法，建立不同加载条件下特征信息与载荷的对应关系，寻找具有较高精度的载荷辨识方法，并通过试验验证该方法的正确性，从而达到转子系统载荷定性与定量辨识的目的。

本书采用现场调研、理论研究、模型仿真和试验验证相结合的研究方法，从现场调研和文献检索中对转子系统的载荷辨识问题进行分类、归纳，寻求其一般规律；通过试验验证仿真模型的正确性；通过试验真值验证辨识方法的可行性。遵循从简到难、从单因素到多因素、从线性逐步到非线性的原则，研究基于响应信息的转子系统载荷定性与定量辨识问题。本书研究内容主要包含以下几个方面。

(1) 构建载荷激励下转子系统动力学模型。针对提炼出的几类典型载荷类型，分别对转子系统振动与电机电流信息特征进行仿真分析；研究不同类型载荷作用下，转子系统电机电流和振动的变化特征。

(2) 设计与搭建两类转子系统载荷辨识试验台，即中速转子系统试验台与低速转子系统试验台,用以模拟中速与低速转子系统在不同载荷类型下的工况特性。合理选择两类试验台的振动与电机电流信息采集方法,选购传感器并布置测点等，确保采集的信号客观、典型、有效；分别制订两类转子系统试验台的试验方案，并完成相应的载荷辨识试验。

(3) 对两类转子系统在正常状态和受载运行中的振动信号与电机定子电流信号进行特征提取，为后续的载荷辨识奠定良好的基础。

(4) 基于振动的转子系统载荷辨识。根据特征响应信号，研究系统与信号的非平稳特性及其反演；基于振动信息，分别进行两类转子系统的载荷定性与定量辨识；进行理论与试验结果的对比，并根据试验实测结果完善系统模型和载荷辨识方法。

(5) 基于电机电流的转子系统载荷辨识。根据特征响应信号，研究系统与信号的非平稳特性及其反演；基于电机电流信息，分别进行两类转子系统的载荷定性与定量辨识；进行理论与试验结果的对比，并根据试验实测结果完善系统模型和载荷辨识方法。

(6) 基于融合信息的转子系统载荷辨识。根据特征响应信号，研究系统与信号的非平稳特性及其反演；基于融合信息，分别进行两类转子系统的载荷定性与定量辨识；进行理论与试验结果的对比，并根据试验实测结果完善系统模型和载荷辨识方法。

1.5 技术路线

综合研究内容，将本书研究的技术路线进行规划，如图 1-1 所示，并据此逐级深入、循序渐进地展开本书研究与试验。

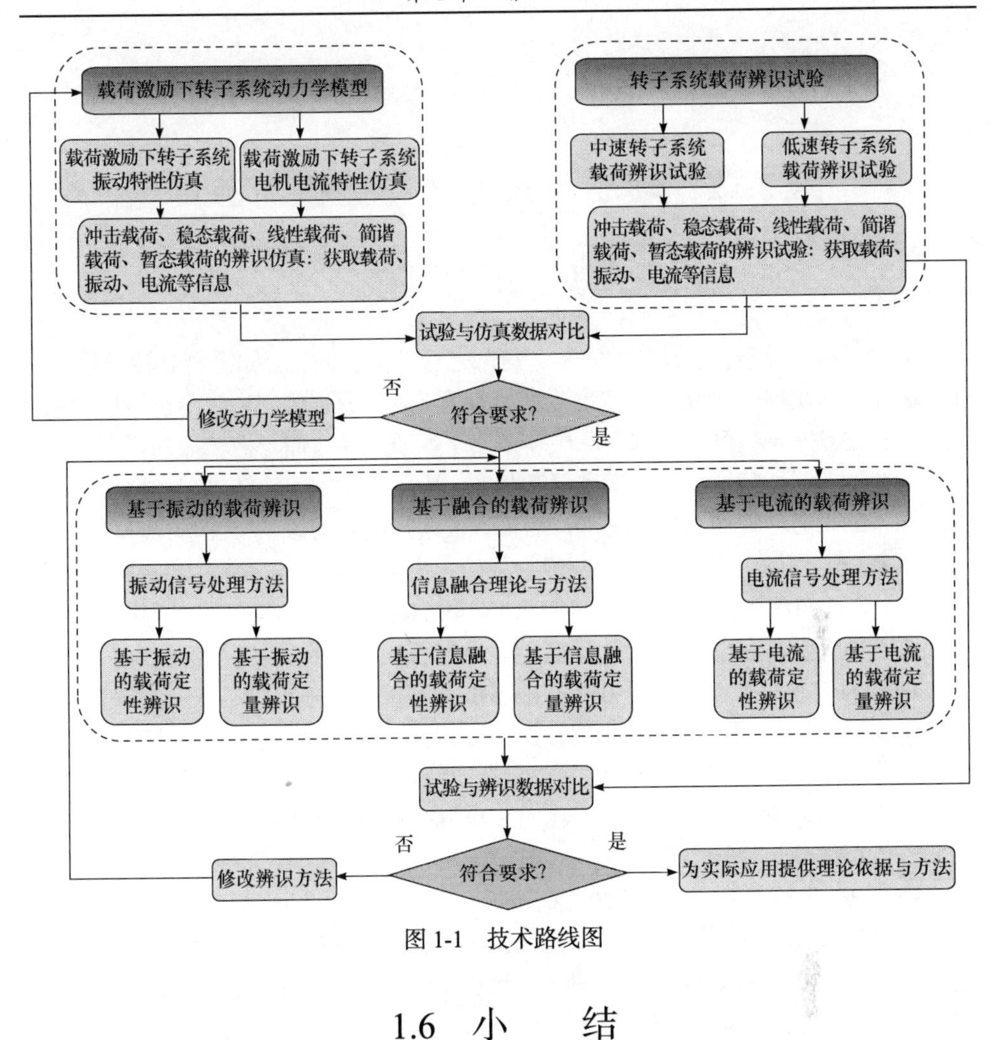

图 1-1　技术路线图

1.6　小　　结

本章首先围绕机械转子系统载荷辨识方法与试验，阐述了本书写作的目的与意义；随后进一步综述了本书内容所涉及的国内外研究现状与发展趋势。由此提炼与发现新的研究切入点，进而提出了本书研究的整体思路，确定了主要研究内容与技术路线。

第 2 章　转子系统动力学建模与仿真

2.1　引　　言

无论何种工况条件，设备的安全运行都是至关重要的，因此需要对转子系统工作时的振动情况展开研究。大多数转子动力学文献是分别研究弯曲与扭转振动的，认为两种振动互不关联。工程实际中转子不平衡质量使弯曲与扭转振动相互耦合，使得系统的非线性特性表现为紊乱复杂状态。为了全面掌握旋转机械的振动问题，了解设备的动力学特性和故障机理，需要开展弯扭耦合的振动特性研究。

本章结合实际，以拉格朗日方程为基础，再考虑转子不平衡、自身质量及耗散函数，将弯扭耦合下不平衡量和响应载荷联系起来，建立两个动力学微分方程，一是基于载荷与位移的联系，二是基于载荷与扭转角的联系。

通常求解振动方程有两种方法：模态法和直接法。采用模态法对复杂的非线性数学模型进行处理时，求得非耦合振动方程，就可以对系统的振动特性进行简化。为了得到时域信号，有时可以忽略复杂系统自身的振动特征来求解振动方程；非线性方程采用增量线性化处理，在每一离散化的时间段内进行积分，这样非线性方程就可以化为线性方程来求解。

基于电机电流的机械转子系统载荷辨识，即运用 MCSA 方法从定性与定量的角度求解待测的激励载荷。通过设备的电机定子磁通，气隙扭矩的波动会引起定子电流变化，定子间电磁耦合也会发生改变，因此电流信号将含有转子系统的运行信息。

不同载荷激励下的机械转子系统能反映出各异的机电耦合规律，由此能够建立机电耦合关系模型，并实现模拟仿真分析。机电耦合关系的建立常常包括三部分：物理分析与模型简化、系统运动微分方程的构建和运动方程求解。一般可以借助拉格朗日能量泛函的极值条件，或者力学和电磁学基本规律来实现系统方程的构建与仿真。

2.2　载荷激励下转子系统动力学模型建立

2.2.1　弯扭耦合动力学模型

1. 载荷传递属性

本书所研究的转子系统主要由旋转主轴与刚性中置质量盘组成，还包括支撑轴承、底座、联轴器等。由于实际情况难以获得解析解，所以这里需要对转子系统进行简化。简化后的系统是将主轴视为零质量，旋转盘视为零壁厚的均质弹性体。也就是，依据轴径大小和轴上零件划分轴段，取轴径明显变化处为分段点，把轴的等效集中质量划分在该轴的两端，这里主要依据重心不变原则。通过无质量轴与集中质量盘的集合，就可以表征简化的系统。这些集合由阻尼器和弹簧来提供支撑。

本书研究的转子系统组成部件有质量盘、主轴、轴承、支撑座和其他连接固紧零件。另外，参照以上简化步骤，对研究过程中转子系统进行了简化。

2. 转子系统的离散化

1) 质量和转动惯量的离散化

如图 2-1 所示，将转子系统阶梯轴的截面视为相同，J_{pj}、J_{dj} 分别表示点 J 处的极转动惯量和直径转动惯量，上标 L、R 分别表示轴的左、右两端。具体方法参见相关文献[155-158]中所涉及的离散化处理。

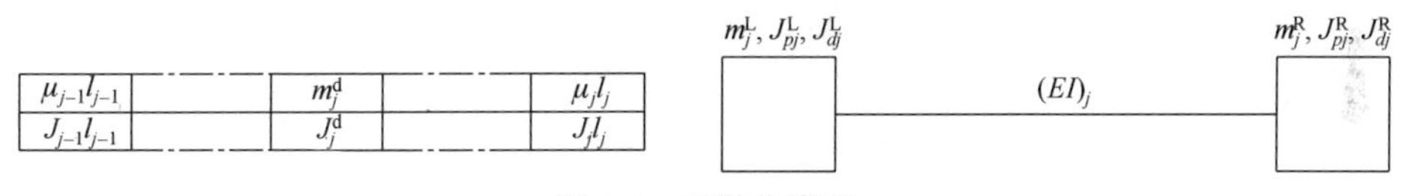

图 2-1　离散化模型

在对质量和转动惯量进行分配时，应该遵守质量不变和质心位置不变原则。为了求解方便，简化处理后，有

$$\begin{cases} m_j = m_j^{\mathrm{d}} + \dfrac{1}{2}\mu_j l_j + \dfrac{1}{2}\mu_{j-1} l_{j-1} \\ J_j = J_j^{\mathrm{d}} + \dfrac{1}{2} J_j l_j + \dfrac{1}{2} J_{j-1} l_{j-1} \\ m_j^{\mathrm{d}} = \mu_j l_j \\ J_j^{\mathrm{d}} = \dfrac{1}{2}\pi \rho_j h_j r_j^4 \end{cases} \tag{2-1}$$

式中，m_j、J_j 分别为点 j 处的总质量、总转动惯量；m_j^{d} 为原本 j 处的质量；J_j^{d} 为原本 j 处的转动惯量；μ 为相应轴的单位质量；l 为长度。

2) 等效轴的刚度

在纯弯曲时轴两端截面相对转角不变的原则下，可以确定弹性条件无质量轴的等效弯曲刚度$(EI)_j$：

$$\left(\frac{l}{EI}\right)_j = \sum_{k=1}^{s} \left(\frac{l}{EI}\right)_k \tag{2-2}$$

因此，轴系的抗弯刚度为

$$k_{\mathrm{s}}=\sum_{j=1}^{s}\frac{(EI)_j}{l_j}$$

轴的等效扭转刚度：求等效扭转刚度时，一般按照公式将求出的各部分轴段的扭转刚度合成即可。分别对各部分轴的扭转刚度求倒数，所求倒数之和就等于轴整体的等效扭转刚度的倒数，即

$$\frac{1}{K_{\mathrm{t}}}=\sum_{i=1}^{n}\frac{1}{k_{\mathrm{t}i}} \tag{2-3}$$

3) 等效黏性阻尼

结构阻尼用C_{d}替代，表示等效黏性阻尼，这样阻尼力与速度就线性化了[157]，即

$$C_{\mathrm{d}}=\frac{\partial bA^{n-2}}{\omega} \tag{2-4}$$

对于一般材料，将振动幅值指数n选取为 2，振动角频率用ω表示，取$\omega=1\times10^{-5}$。

3. 中速转子系统模型

图 2-2 为中速转子系统的数学模型，试验台末端安装磁粉制动器，通过其产生反向的制动扭矩来产生外载荷。将扭矩速度传感器模型化，通过载荷激励与角速度来实施构建。转盘和轴承建模都利用位移，不同之处是转盘建模还需考虑转角。

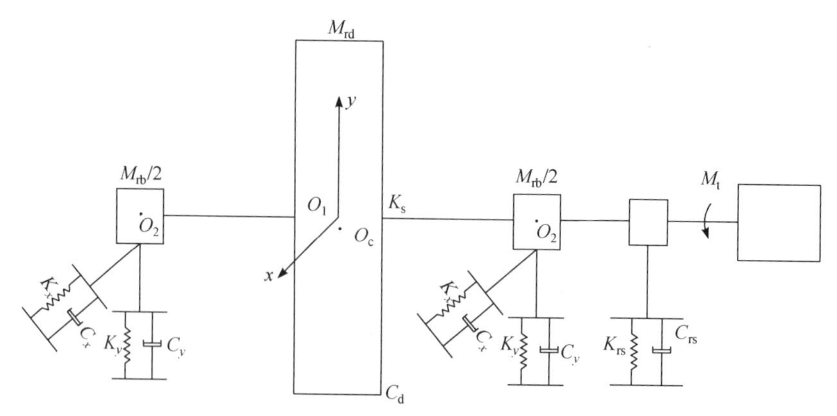

图 2-2　中速转子系统的数学模型

试验台上各部件距离紧凑，故建立模型时可以忽视紧凑部件之间的空间距离。图 2-3 给出了转盘受力情况。O为坐标系中心，转盘形心的位置是在O_1点处，轴承形心的位置是在O_2点处，转盘质心则位于O_{c}点处。基于拉格朗日方程，简化

转子系统为质量盘和无质量轴[155, 158-162]。以偏心距 e 为入手点，建立系统的弯扭耦合数学模型，对载荷与位移、转角与转速之间的关系进行研究。其中，下标 rd、rb 分别表示转盘与轴承。

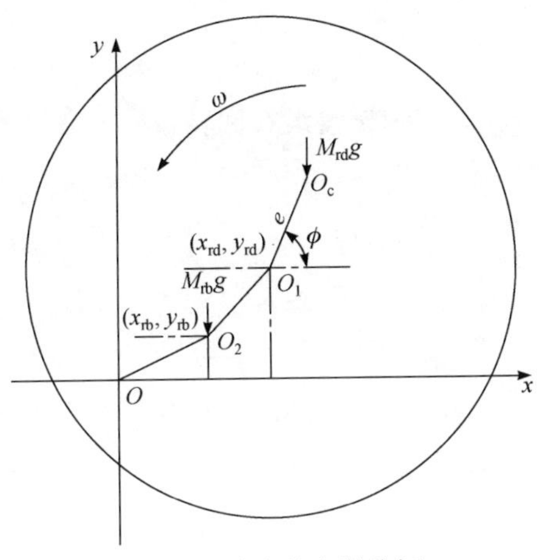

图 2-3　转盘的力学分析

1) 动能分析

动力学中，刚体的转动和自身平动组合成一个完整的刚体运动。其中，动能 T 可以表示为平动动能 T_G 与转动动能 T_r 之和：

$$T = T_G + T_r \tag{2-5}$$

$$T_G = \frac{1}{2}M_{rd}(\dot{x}_{rd}^2 + \dot{y}_{rd}^2 + e^2\dot{\phi}^2 + 2e\dot{\phi}\dot{y}_{rd}\cos\phi - 2e\dot{\phi}\dot{x}_{rd}\sin\dot{\phi}) + \frac{1}{2}M_{rb}(\dot{x}_{rb}^2 + \dot{y}_{rb}^2) \tag{2-6}$$

$$T_r = \frac{1}{2}(J + M_{rd}e^2)\dot{\phi}^2 + \frac{1}{2}J_{rs}\dot{\phi}^2 \tag{2-7}$$

这里，速度传感器的转动惯量用 J_{rs} 表示。由此可得

$$\begin{aligned} T = &\frac{1}{2}M_{rd}(\dot{x}_{rd}^2 + \dot{y}_{rd}^2 + e^2\dot{\phi}^2 + 2e\dot{\phi}\dot{y}_{rd}\cos\phi - 2e\dot{\phi}\dot{x}_{rd}\sin\phi) + \frac{1}{2}M_{rb}(\dot{x}_{rb}^2 + \dot{y}_{rb}^2) \\ &+ \frac{1}{2}(J + M_{rd}e^2)\dot{\phi}^2 + \frac{1}{2}J_{rs}\dot{\phi}^2 \end{aligned} \tag{2-8}$$

2) 势能分析

系统势能可写为

$$U = \frac{1}{2}K_s[(x_{rd} - x_{rb})^2 + (y_{rd} - y_{rb})^2] + \frac{1}{2}(K_x x_{rb}^2 + K_y y_{rb}^2) + \frac{1}{2}K_t\theta^2 + \frac{1}{2}K_{rs}\phi^2 \tag{2-9}$$

3) 耗散函数

耗散函数为

$$F_{\mathrm{R}}=\frac{1}{2}(C_x\dot{x}_{\mathrm{rb}}^2+C_y\dot{y}_{\mathrm{rb}}^2)+\frac{1}{2}C_{\mathrm{d}}\dot{\phi}^2+\frac{1}{2}C_{\mathrm{d}}[(\dot{x}_{\mathrm{rd}}-\dot{x}_{\mathrm{rb}})^2+(\dot{y}_{\mathrm{rd}}-\dot{y}_{\mathrm{rb}})^2]+\frac{1}{2}C_{\mathrm{rs}}\dot{\phi}^2 \tag{2-10}$$

式中，C_{d} 为弯振阻尼系数；C_{rs} 为传感器的阻尼系数；C_x、C_y 分别表示 x、y 方向上的阻尼系数。

4) 广义力分析

广义力总共有五个。运转的转盘没有回转效应，其转角自由度有一个，而位移自由度有两个。在轴承位置可以得到两个自由度：

$$\begin{cases}Q_{x\mathrm{rd}}=-M_{\mathrm{t}}\\ Q_{y\mathrm{rd}}=-M_{\mathrm{rd}}g(y_{\mathrm{rd}}+e\sin\phi)-M_{\mathrm{t}}\\ Q_{x\mathrm{rb}}=0\\ Q_{y\mathrm{rb}}=-M_{\mathrm{rb}}gy_{\mathrm{rb}}\\ Q_{\varphi}=-C_{\mathrm{t}}\dot{\phi}-M_{\mathrm{t}}\end{cases} \tag{2-11}$$

式中，C_{t} 为旋转运动阻尼系数。

5) 拉格朗日等式

拉格朗日等式如下：

$$\frac{\mathrm{d}}{\mathrm{d}t}\left[\frac{\partial(T-U)}{\partial\dot{q}_i}\right]-\frac{\partial(T-U)}{\partial q_i}+\frac{\partial F_{\mathrm{R}}}{\partial\dot{q}_i}=Q_i \tag{2-12}$$

式中，q_i 表示广义坐标；Q_i 表示广义力。

将这些能量分析等式均代入式(2-12)，可推导出机械转子系统弯扭耦合模型。

转盘方程：

$$\begin{cases}M_{\mathrm{rd}}\ddot{x}_{\mathrm{rd}}+C_{\mathrm{d}}(\dot{x}_{\mathrm{rd}}-\dot{x}_{\mathrm{rb}})+K_{\mathrm{s}}(x_{\mathrm{rd}}-x_{\mathrm{rb}})=M_{\mathrm{rd}}e(\dot{\phi}^2\cos\phi+\ddot{\phi}\sin\phi)-M_{\mathrm{t}}\\ M_{\mathrm{rd}}\ddot{y}_{\mathrm{rd}}+C_{\mathrm{d}}(\dot{y}_{\mathrm{rd}}-\dot{y}_{\mathrm{rb}})+K_{\mathrm{s}}(y_{\mathrm{rd}}-y_{\mathrm{rb}})=M_{\mathrm{rd}}e(\dot{\phi}^2\sin\phi-\ddot{\phi}\cos\phi)-M_{\mathrm{t}}-M_{\mathrm{rd}}g\end{cases} \tag{2-13}$$

$$(J+M_{\mathrm{rd}}e^2)\ddot{\phi}+(C_{\mathrm{t}}+C_{\mathrm{d}})\dot{\phi}+K_{\mathrm{t}}\theta=M_{\mathrm{rd}}e[\ddot{x}_{\mathrm{rd}}\sin\phi-(\ddot{y}_{\mathrm{rd}}+g)\cos\phi]-M_{\mathrm{t}} \tag{2-14}$$

轴承方程：

$$\begin{cases}M_{\mathrm{rb}}\ddot{x}_{\mathrm{rb}}+C_{\mathrm{d}}(\dot{x}_{\mathrm{rb}}-\dot{x}_{\mathrm{rd}})+K_{\mathrm{s}}(x_{\mathrm{rb}}-x_{\mathrm{rd}})+C_x\dot{x}_{\mathrm{rb}}+K_x x_{\mathrm{rb}}=0\\ M_{\mathrm{rb}}\ddot{y}_{\mathrm{rb}}+C_{\mathrm{d}}(\dot{y}_{\mathrm{rb}}-\dot{y}_{\mathrm{rd}})+K_{\mathrm{s}}(y_{\mathrm{rb}}-y_{\mathrm{rd}})+C_y\dot{y}_{\mathrm{rb}}+K_y y_{\mathrm{rb}}=-M_{\mathrm{rb}}g\end{cases} \tag{2-15}$$

扭矩速度传感器方程：

$$J_{\mathrm{rs}}\ddot{\phi}+(C_{\mathrm{rs}}+C_{\mathrm{t}})\dot{\phi}+K_{\mathrm{rs}}\phi=-M_{\mathrm{t}} \tag{2-16}$$

4. 低速转子系统模型

通过简化低速转子系统中的左右轴承和中间滚筒，模型构造为二质体。滚筒质量用 M 表示，左轴承的等效质量用 M_{L} 表示，右轴承的等效质量用 M_{R} 表示。

关于载荷与振动响应的低速转子系统力学方程是基于拉格朗日理论的，同时还需要将系统视为平衡体，不计入轴承力，忽略其耗散函数与本身质量。图 2-4 为低速转子系统的理论模型，设计建模是分别针对系统左轴承与右轴承进行的[163]。低速转子系统有五个自由度。在左轴承和右轴承的中置位置处为滚筒转子，它有两个关于位移的自由度，以及一个关于转动的自由度。对轴承进行研究，发现其有两个关于位移的自由度[164]。构建的动力学微分方程如下。

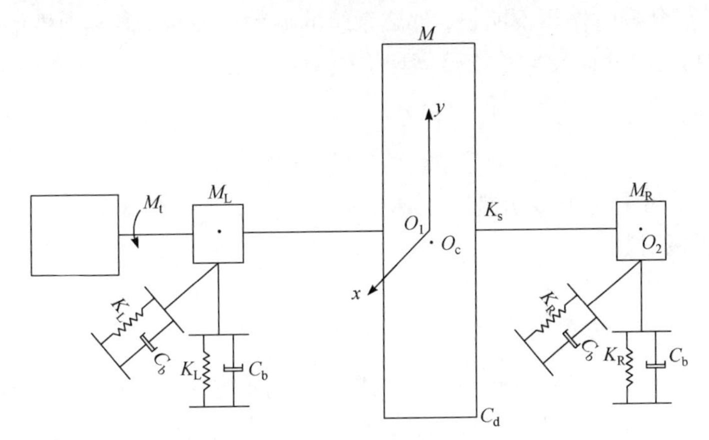

图 2-4　低速转子系统的理论模型

滚筒的动力学方程为

$$\begin{cases} M\ddot{x}+C_{\rm d}(\dot{x}-\dot{x}_{\rm L})+C_{\rm d}(\dot{x}-\dot{x}_{\rm R})+K_{\rm s}(x-x_{\rm L}) \\ +K_{\rm s}(x-x_{\rm R})=Me(\dot{\phi}^2\cos\phi+\ddot{\phi}\sin\phi)-M_{\rm t} \\ M\ddot{y}+C_{\rm d}(\dot{y}-\dot{y}_{\rm L})+C_{\rm d}(\dot{y}-\dot{y}_{\rm R})+K_{\rm s}(y-y_{\rm L}) \\ +K_{\rm s}(y-y_{\rm R})=Me(\dot{\phi}^2\sin\phi-\ddot{\phi}\cos\phi)-M_{\rm t}-Mg \end{cases} \tag{2-17}$$

$$(J+Me^2)\ddot{\phi}+(C_{\rm t}+C_{\rm d})\dot{\phi}+K_{\rm t}\theta=Me[\ddot{x}\sin\phi-(\ddot{y}+g)\cos\phi]-M_{\rm t} \tag{2-18}$$

左轴承与右轴承的动力学方程为

$$\begin{cases} M_{\rm L}\ddot{x}_{\rm L}+C_{\rm d}(\dot{x}_{\rm L}-\dot{x})+K_{\rm s}(x_{\rm L}-x)+C_{\rm b}\dot{x}_{\rm L}+K_{\rm L}x_{\rm L}=-M_{\rm t} \\ M_{\rm L}\ddot{y}_{\rm L}+C_{\rm d}(\dot{y}_{\rm L}-\dot{y})+K_{\rm s}(y_{\rm L}-y)+C_{\rm b}\dot{y}_{\rm L}+K_{\rm L}y_{\rm L}=-M_{\rm L}g-M_{\rm t} \end{cases} \tag{2-19}$$

$$\begin{cases} M_{\rm R}\ddot{x}_{\rm R}+C_{\rm d}(\dot{x}_{\rm R}-\dot{x})+K_{\rm s}(x_{\rm R}-x)+C_{\rm b}\dot{x}_{\rm R}+K_{\rm R}x_{\rm R}=0 \\ M_{\rm R}\ddot{y}_{\rm R}+C_{\rm d}(\dot{y}_{\rm R}-\dot{y})+K_{\rm s}(y_{\rm R}-y)+C_{\rm b}\dot{y}_{\rm R}+K_{\rm R}y_{\rm R}=-M_{\rm R}g \end{cases} \tag{2-20}$$

在转盘公式(式(2-13))与滚筒公式(式(2-17))中，等式右边分别表示为：第一项代表扭转振动在转子上沿着 x、y 方向作用弯曲振动；第二项代表离心力沿着 x、y 方向所产生的分力；第三项代表沿 x、y 方向上所产生的激励载荷；第四项代表沿 y 方向重力所引起的弯曲振动。

在转盘公式(式(2-14))与转子公式(式(2-18))中，两类转子的扭转状态通过前两项体现；围绕中心的两类转子自身重力力矩由第三项体现；转子外载荷对转子产生的效应体现在第四项。

综上所述，在低速转子系统中，具有较显著的弯扭耦合效应，扭转振动和弯曲振动相互作用、发生关联。如果扭转振动和弯曲振动所产生的耦合效应比较明显，那么转子系统会产生较强的振动，而滚筒动力方程中的 e 变大也导致激励项变大。如果耦合效应作用不明显，那么系统的振动比较小，激励项中偏心距也小。

式(2-21)表示低速转子系统整体理论模型：

$$\frac{H}{n_{\mathrm{p}}}\frac{\mathrm{d}\omega}{\mathrm{d}t}=T_{\mathrm{e}}-M_{\mathrm{t}} \tag{2-21}$$

式中，H 为电机中转子转动惯量；M_{t} 为外加激励；T_{e} 为电磁转矩；ω 为角速度；n_{p} 为电机磁极对数。

2.2.2 机电耦合动力学模型

转子系统的动力学模型也可从电机与载荷的角度建立。由于电流会根据转子系统载荷变化而发生改变，所以两者之间存在一定的机电耦合相互作用。

掌握系统本身的物理结构与机理是等价转化建模的第一步；接着针对系统构建表征其运动的方程，得到电机与电流之间的相关关系。一般有两种方法来建立数学方程：第一种方法是由拉格朗日极值条件求解获得；第二种方法是建立在基础物理学知识之上进行求解。

1. 转子系统的物理解析

1) 运动学解析

转子系统由三相异步电机拖动，机械部分包括质量盘、主轴、轴承等。下面以单跨转子为例，分析转子系统的运动。给三相电机的定子系统中通入三相电流，这时转子由于电机的电磁扭矩效应而转动，然后通过联轴器带动机械转子。由于实际转动中转轴可能变形弯曲，所以质量盘运动时将合并中心运动及其自转[155]。

2) 机械转子建模解析

首先针对转子系统机械部分进行动力学简化。这里可以通过转动惯量节点化、质量离散化，以及其他部件简练化的方法得到一个简化的系统模型。图 2-5 说明了上述简化与离散化后变成两盘一轴模型，也就是简化成无质量的等截面弹性轴，方法是将其全部质量及惯量都看成集中在轴段两边。具体过程见 2.2.1 节中的相关介绍。

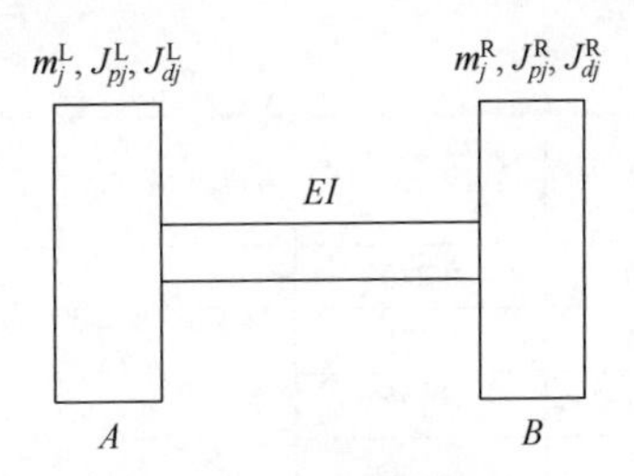

图 2-5　系统简化模型

这里的质量等效规则是：转子系统模型简化前后，模型的质心位置保持不变且总质量不变。同理，转动惯量在简化前后也是如此[155]。

以自行设计搭建的中速转子试验台为原型，进行相关简化。图 2-6 为包含转盘的轴段结构图。

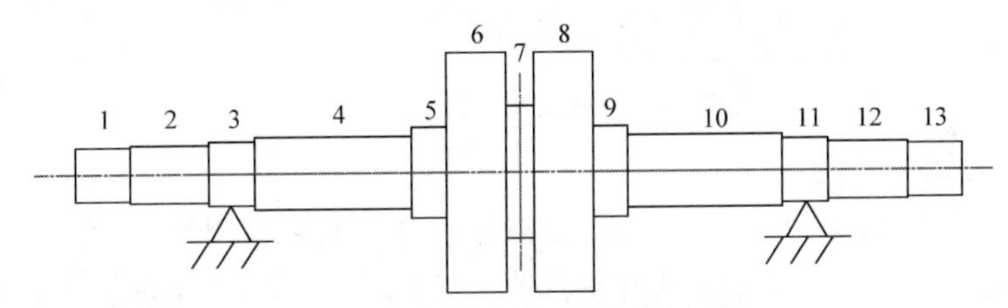

图 2-6　包含转盘的轴段结构图

图 2-6 中，总共用 13 个数字来标记各个轴段。同时，该结构在整体上呈现对称性。表 2-1 给出了等效分析后转盘与主轴的参数。等效后的三盘两轴系统如图 2-7 所示。

表 2-1　转子系统等效后参数

轴段号	盘轴号	轴段长度/m	轴段直径/m	各盘质量/kg	赤道转动惯量/(kg · m²)	极转动惯量/(kg · m²)
1	一号	0.042	0.130	2.2	11.0740×10^{-7}	4.6172×10^{-5}
2		0.055	0.170			
3		0.023	0.175			
4		0.090	0.220			
5	二号	0.025	0.260	91.5	5.8840×10^{-2}	8.2456×10^{-2}
6		0.040	0.920			
7		0.025	0.390			
8		0.040	0.920			
9		0.025	0.260			

续表

轴段号	盘轴号	轴段长度/m	轴段直径/m	各盘质量/kg	赤道转动惯量/(kg · m²)	极转动惯量/(kg · m²)
10	三号	0.090	0.220	2.2	11.0740×10^{-7}	4.6172×10^{-5}
11		0.023	0.175			
12		0.055	0.170			
13		0.042	0.130			

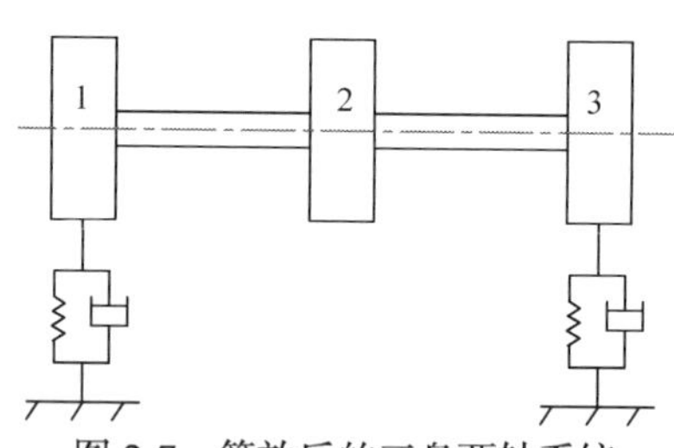

图 2-7　等效后的三盘两轴系统

3) 电机建模解析

运动数学建模，首先建立坐标系是必不可少的。现在常用的电机坐标系有多种，最为基础的是 *ABC* 坐标系，另外还有其他一些坐标系，如 *mt* 坐标系、$\alpha\beta$ 坐标系、*dp* 坐标系等。电机方程有很多种类，本质却差不多，即以 *ABC* 坐标系为基础然后再经变换推导获得其他坐标系。下面针对不同的坐标系情况，分别介绍电机的公式[164]。

图 2-8 是电机转子与定子的结构图。其中，定子的三个绕组保持静止，转子的三个绕组跟随其转动。

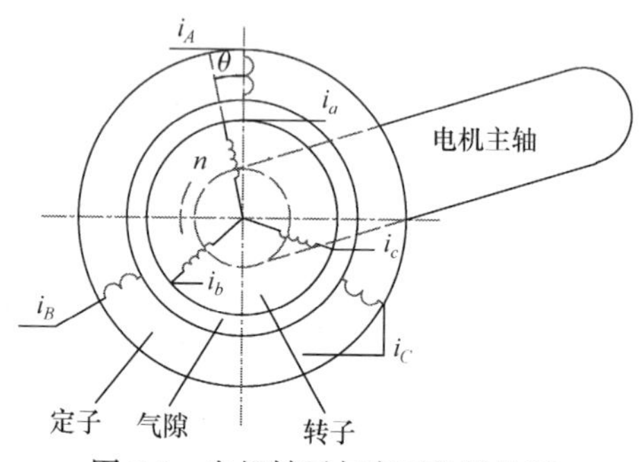

图 2-8　电机转子与定子的结构图

根据螺旋定则，可获得如下方程。

(1) 磁链方程。

电机多个绕组之间有相互的互感磁链，其自感磁链合成为电机的总磁链。这里考虑了漏磁通(定子为 L_{2s}，转子为 L_{2r})与主互感磁通(定子为 L_{1s}，转子为 L_{1r})，因此可以得到较简练的方程。用矩阵表示电机磁链方程为

$$\begin{bmatrix}\psi_A\\ \psi_B\\ \psi_C\\ \psi_a\\ \psi_b\\ \psi_c\end{bmatrix}=\begin{bmatrix} L_{1s}+L_{2s} & -\frac{1}{2}L_{1s} & -\frac{1}{2}L_{1s} & L_{1s}\cos\theta & L_{1s}\cos(\theta+120^\circ) & L_{1s}\cos(\theta-120^\circ)\\ L_{BA} & L_{1s}+L_{2s} & -\frac{1}{2}L_{1s} & L_{1s}\cos(\theta-120^\circ) & L_{1s}\cos\theta & L_{1s}\cos(\theta+120^\circ)\\ -\frac{1}{2}L_{1s} & -\frac{1}{2}L_{1s} & L_{1s}+L_{2s} & L_{1s}\cos(\theta+120^\circ) & L_{1s}\cos(\theta-120^\circ) & L_{1s}\cos\theta\\ L_{1s}\cos\theta & L_{1s}\cos(\theta-120^\circ) & L_{1s}\cos(\theta+120^\circ) & L_{1s}+L_{2r} & -\frac{1}{2}L_{1s} & -\frac{1}{2}L_{1s}\\ L_{1s}\cos(\theta+120^\circ) & L_{1s}\cos\theta & L_{1s}\cos(\theta-120^\circ) & -\frac{1}{2}L_{1s} & L_{1s}+L_{2r} & -\frac{1}{2}L_{1s}\\ L_{1s}\cos(\theta-120^\circ) & L_{1s}\cos(\theta+120^\circ) & L_{1s}\cos\theta & -\frac{1}{2}L_{1s} & -\frac{1}{2}L_{1s} & L_{1s}+L_{2r}\end{bmatrix}\begin{bmatrix}i_A\\ i_B\\ i_C\\ i_a\\ i_b\\ i_c\end{bmatrix} \tag{2-22}$$

式中，ψ_A、ψ_B、ψ_C、ψ_a、ψ_b、ψ_c 为定、转子各相绕组的磁链；i_A、i_B、i_C、i_a、i_b、i_c 为瞬时电流。

(2) 电压方程。

定子和转子的各相绕组中都存在电压。其由两部分构成：一部分是因为磁感应的变化产生的感应电动势；另一部分是原本就加在绕组电阻上的电压。如果要得到转、定子的绕组电压，则需要将转子的绕组磁链、转子的电压以及转子的电阻全都折算到定子一侧：

$$\begin{bmatrix}U_A\\ U_B\\ U_C\\ U_a\\ U_b\\ U_c\end{bmatrix}=\begin{bmatrix}R_s&0&0&0&0&0\\ 0&R_s&0&0&0&0\\ 0&0&R_s&0&0&0\\ 0&0&0&R_r&0&0\\ 0&0&0&0&R_r&0\\ 0&0&0&0&0&R_r\end{bmatrix}\begin{bmatrix}i_A\\ i_B\\ i_C\\ i_a\\ i_b\\ i_c\end{bmatrix}+\frac{\mathrm{d}}{\mathrm{d}t}\begin{bmatrix}\psi_A\\ \psi_B\\ \psi_C\\ \psi_a\\ \psi_b\\ \psi_c\end{bmatrix} \tag{2-23}$$

式中，U_A、U_B、U_C、U_a、U_b、U_c 为定、转子各相绕组的瞬时电压；R_s、R_r 为定、转子绕组电阻。

(3) 电磁转矩方程。

接通交流电后，定子的磁电间相互作用，从而产生电磁转矩带动转子转动。电磁转矩 T_e 为

$$\begin{aligned}T_e = -n_p L_{1s}[&(i_A i_a + i_B i_b + i_C i_c)\sin\theta + (i_A i_b + i_B i_c + i_C i_a)\sin(\theta + 120°)\\&+ (i_A i_c + i_B i_a + i_C i_b)\sin(\theta - 120°)]\end{aligned} \tag{2-24}$$

式中，n_p 为电机磁极对数。

前面曾提到，电机坐标系分为很多种，而最基础的坐标系就是 *ABC* 坐标系。*ABC* 坐标系具有简单且容易理解的优点。实际计算过程中物理量之间的关系复杂，推导过程有可能出错，方程求解过程也很复杂。进行不同坐标系之间的变化，可以给我们提供多种思路，从而得到不同形式的公式。

将三相绕组等效成两相绕组的前提是给电机中通入简谐交流电时可以使两相绕组中产生与三相绕组转速和大小相等的旋转磁动势。图 2-9 展示了坐标系变换，即从三相的 *ABC* 坐标系等效到两相的 $\alpha\beta$ 正交坐标系，图中 F 表示电磁力，N_2、N_3 分别表示 F 在两向与三向坐标轴上的投影，ω_1 表示旋转磁动势的角速度。其转变的矩阵为

$$A_{3\to2} = \sqrt{\frac{2}{3}}\begin{bmatrix}1 & -\frac{1}{2} & -\frac{1}{2}\\ 0 & \frac{\sqrt{3}}{2} & -\frac{\sqrt{3}}{2}\end{bmatrix} \tag{2-25}$$

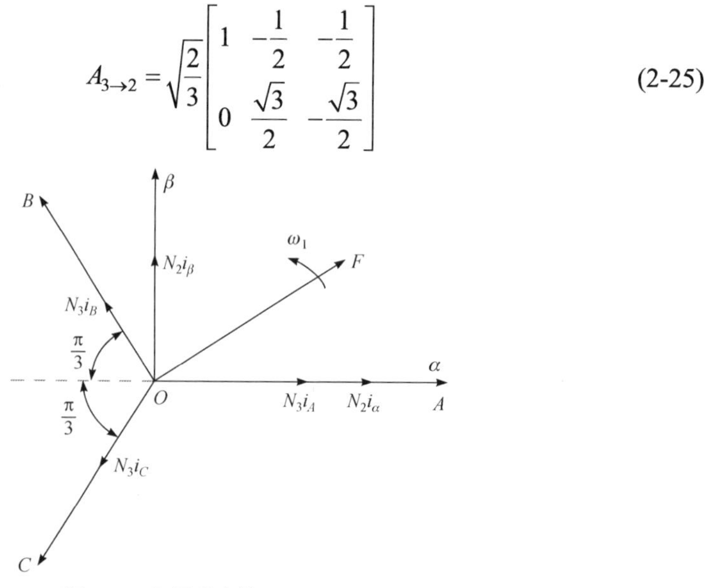

图 2-9　坐标系变换($ABC \to \alpha\beta$)

合成磁动势可以在两相绕组中通直流电时产生，但与在电机三相绕组中通以三相交流电流时产生合成的旋转磁动势相比，这个合成磁动势对绕组的位置保持

恒定。因此，可以从 $\alpha\beta$ 正交坐标系等效到 dq 正交旋转坐标系，如图 2-10 所示。同样，根据合成磁动势在等效前后的一致性，这一过程的转换矩阵为

$$A_{2\mathrm{s}\to 2\mathrm{r}} = \begin{bmatrix} \cos\varphi & \sin\varphi \\ -\sin\varphi & \cos\varphi \end{bmatrix} \tag{2-26}$$

式中，φ 为等效前后两个坐标系的旋转位置角度。

图 2-11 表示再进一步转换到 mt 坐标系，即由 t 坐标轴与 m 坐标轴构成的新坐标体系。

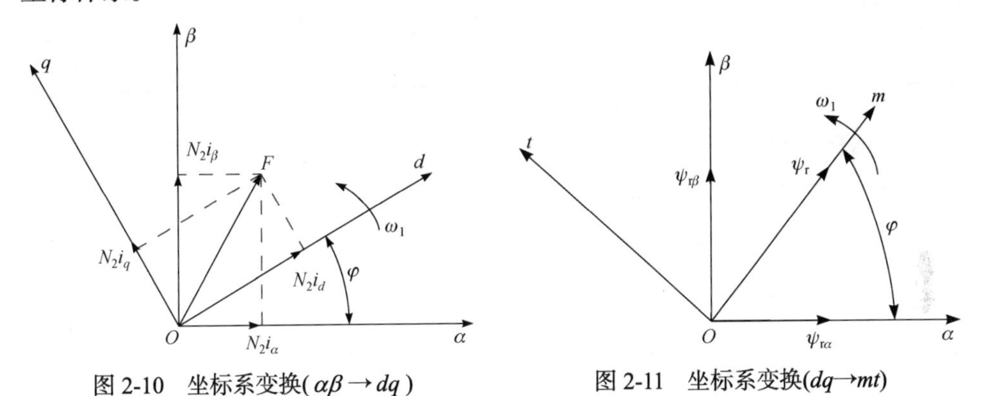

图 2-10　坐标系变换($\alpha\beta \to dq$)　　图 2-11　坐标系变换($dq \to mt$)

2. 中速转子系统机电耦合方程

通常可以从两个思路考虑机电耦合方程的构建：首先可以根据机电系统变分原则来构建；其次可以通过基本物理法则进行构建。两者的应用对象与实现的难易程度均有不同，但表达式一致。

这里的耦合公式是基于后者原理，并借助拉格朗日方程获得的，过程简便且具有很强的系统性。

1) 麦克斯韦-拉格朗日方程

拉格朗日公式即除去势能 V 后，磁能 W 与动能 T 之和：

$$L = T + W - V \tag{2-27}$$

第 j 个广义坐标下，有广义力 Q_j，则 N 维的麦克斯韦-拉格朗日方程表示如下：

$$\frac{\mathrm{d}\left(\dfrac{\partial L}{\partial \dot{q}_j}\right)}{\mathrm{d}t} - \frac{\partial L}{\partial q_j} + \frac{\partial F}{\partial \dot{q}_j} = Q_j \tag{2-28}$$

2) 广义坐标、广义速度和广义力

质量盘的自由度为 3，即仅考虑转动角 θ 与质心位移 x、y。轴承的自由度为

2，即 x_b 与 y_b。在运动分析后，可以构建转子系统方程。

综上所述，系统有 5 个广义坐标。表 2-2 为系统的广义坐标、广义速度和广义力。

表 2-2　广义坐标、广义速度和广义力

动力变量	k_1	k_2	k_3	k_4	k_5
广义坐标	x	y	x_b	y_b	θ
广义速度	$\dot{x}$	$\dot{y}$	$\dot{x}_b$	$\dot{y}_b$	$\dot{\theta}$
广义力	0	$-m_d g$	0	$-m_b g$	$T_1 - k_\varphi \varphi$

3) 耦合方程

根据上述针对转子系统的分析，可以得到其机电耦合公式[155]：

$$m_d\ddot{x} + c(\dot{x} - \dot{x}_b) + k(x - x_b) = m_d e(\ddot{\theta}\sin\theta + \dot{\theta}^2\cos\theta) \tag{2-29}$$

$$m_d\ddot{y} + c(\dot{y} - \dot{y}_b) + k(y - y_b) = -m_d e(\ddot{\theta}\cos\theta - \dot{\theta}^2\sin\theta) - m_d g \tag{2-30}$$

$$m_b\ddot{x}_b + c_x\dot{x}_b + k_x x_b - k(x - x_b) - c(\dot{x} - \dot{x}_b) = 0 \tag{2-31}$$

$$m_b\ddot{y}_b + c_y\dot{y}_b + k_y y_b - k(y - y_b) - c(\dot{y} - \dot{y}_b) = 0 \tag{2-32}$$

$$(J_1 + m_d e^2)\ddot{\theta} = k_\varphi\eta - T_1 + m_d e\ddot{x}\sin\theta - m_d e(\ddot{y} + g)\cos\theta \tag{2-33}$$

式中，下标 b 表示轴承；下标 d 表示转子；k 为刚度；c 为阻尼系数；k_η 为扭转刚度；η 为机械转子与电机转子之间的相对扭转角。

定子的两个方程如下(式(2-34)表示其磁链，式(2-35)表示其电压)：

$$\frac{\mathrm{d}i_{st}}{\mathrm{d}t} = -\frac{L_m}{\sigma L_s L_r}\omega\psi_r - \frac{R_s L_r^2 + R_r L_m^2}{\sigma L_s L_r^2} i_{st} - \omega_1 i_{sm} + \frac{u_{st}}{\sigma L_s} \tag{2-34}$$

$$\frac{\mathrm{d}i_{sm}}{\mathrm{d}t} = \frac{L_m}{\sigma L_s L_r T_r}\psi_r - \frac{R_s L_r^2 + R_r L_m^2}{\sigma L_s L_r^2} i_{sm} + \omega_1 i_{st} + \frac{u_{sm}}{\sigma L_s} \tag{2-35}$$

$$\frac{\mathrm{d}\psi_r}{\mathrm{d}t} = -\frac{1}{T_r}\psi_r + \frac{L_m}{T_r} i_{sm} \tag{2-36}$$

电磁转矩方程如下：

$$T_e = \frac{n_p L_m}{L_r} i_{st}\psi_r \tag{2-37}$$

mt 坐标系的旋转角速度如下：

$$\omega_1 = \omega + \frac{L_m}{T_r\psi_r} i_{st} \tag{2-38}$$

式中，下标 r 代表转子；下标 s 代表定子；下标 t、m 表示对应的坐标轴名称。

机电的转矩方程如下：

$$\frac{\mathrm{d}\omega}{\mathrm{d}t}=\frac{n_{\mathrm{p}}^{2}L_{m}}{JL_{\mathrm{r}}}i_{st}\psi_{\mathrm{r}}-\frac{n_{\mathrm{p}}}{J}T_{\mathrm{L}}-k_{\eta}\eta \tag{2-39}$$

3. 低速转子系统机电耦合方程

如图 2-12 所示，电机、减速器和滚筒组成了低速转子系统。一般来说，低速转子系统的机电耦合方程的建立方式是将其简化为“弹簧-质量-阻尼”系统。

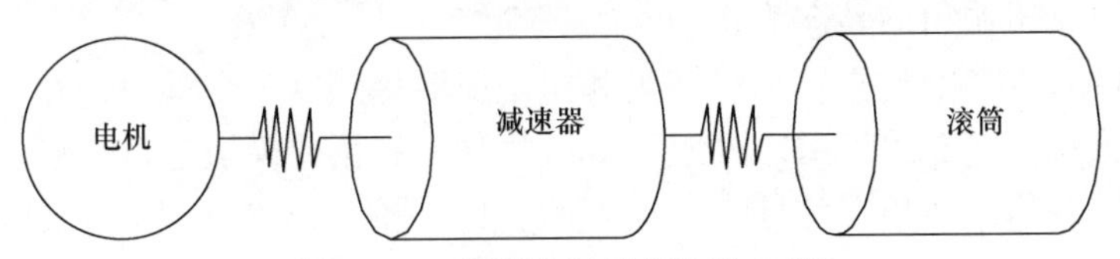

图 2-12　“弹簧-质量-阻尼”系统

对系统整体进行简化处理，即将电机、滚筒和减速器分别相对应地转化为动力体、拖动体和传动体，且这几部分均具有质量。它们之间的连接方式用弹性轴相连接作为简化。

同样地，可以得到需要的低速转子系统的机电耦合方程[165]：

$$\begin{cases}J_1\ddot{\theta}_1=M_1-M_{W_1}\\ J_2\ddot{\theta}_2=M_{W_1}-C_2\dot{\theta}_2-\dfrac{M_{W_2}}{\lambda}\\ J_3\ddot{\theta}_3=M_{W_2}-C_3\dot{\theta}_3-M_m\\ M_{W_1}=C_{W_1}(\dot{\theta}_1-\dot{\theta}_2)+K_{W_1}(\theta_1-\theta_2)\\ M_{W_2}=C_{W_2}\left(\dfrac{\dot{\theta}_2}{\lambda}-\dot{\theta}_3\right)+K_{W_2}\left(\dfrac{\theta_2}{\lambda}-\theta_3\right)\end{cases} \tag{2-40}$$

式中，J 为转动惯量；M 为扭矩；C 为阻尼系数；K 为刚度系数；θ 为转角；λ 为传动比；对于下标，电机由编号 1 表示，减速器由编号 2 表示，滚筒由编号 3 表示，电机与减速器间轴由 W_1 表示，减速器与滚筒间轴由 W_2 表示，所受负载由 m 表示。

2.3　载荷激励下转子系统振动特性仿真

2.3.1　Simulink 仿真模型

利用 MATLAB 软件中的 Simulink 模块对上述的系统进行模拟仿真处理。在

MATLAB 中选取龙格-库塔法，在施加载荷的条件下，对转子系统进行模拟分析。龙格-库塔法求解精度高，运算简洁，能够提高工作效率。

1. 中速转子系统仿真模型

进行系统模拟时，将仿真模型的输入量设置为中速转子系统所受的外载荷，而输出量设置为系统的响应信息，可以分析出系统的弯扭耦合属性。施加的外载荷为 0～85N · m。从 x 方向上分析质量盘位移，当轴系的旋转方向和转子的转动方向一致时，扭振角的转向为正。

在 MATLAB 中建立轴承、转盘和扭矩速度传感器三个模块，并对这三个子系统进行模拟。在 MATLAB 中找到 Goto 模块，利用此模块进行传输，观察给予发生器不同载荷时转角、位移、角速度的变化。图 2-13 为上述系统封装模型。

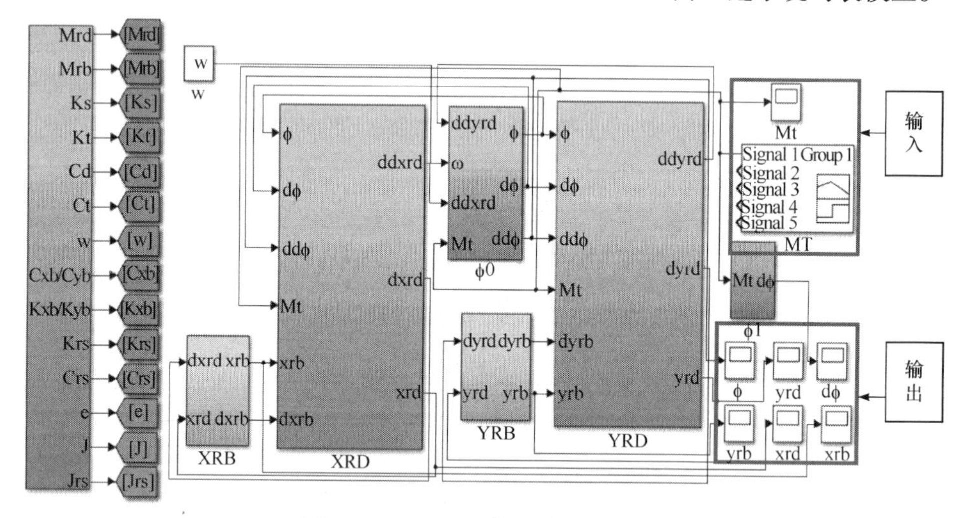

图 2-13　Simulink 模型(中速试验台)

2. 低速转子系统仿真模型

施加 200～1800N · m 的外载荷。分别导入多种外载荷，输出转子系统的扭振角与位移。同样地，分析滚筒处 x 方向的振动，当轴系的旋转方向和转子的转动方向一致时，扭振角的转向为正。

如图 2-14 所示，左右轴承系统和滚筒子系统组成了封装后的仿真模型。此模型中所需要设置的各个参数和数学模型相对应。将待施加的载荷定为模型的输入端，将加速度和扭振角定为模型的输出端，同样在 MATLAB 中找到 Goto 模块，利用此模块进行数据传递。

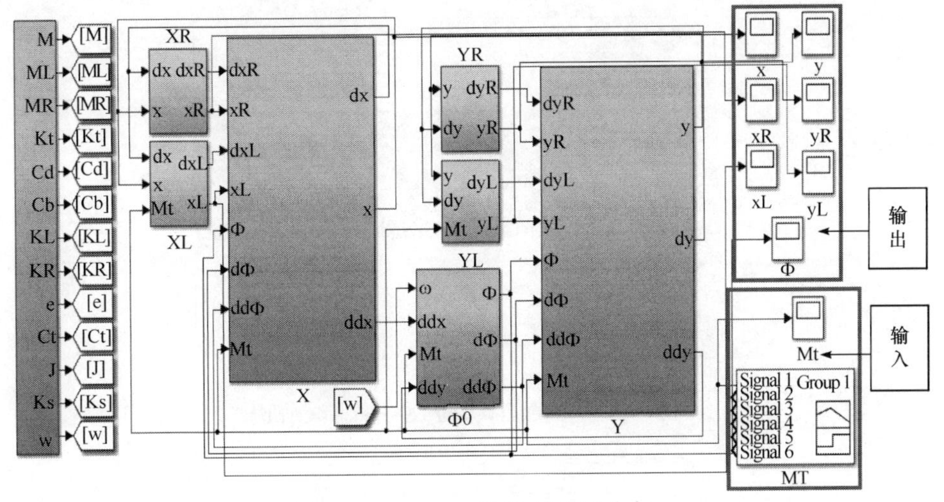

图 2-14　Simulink 模型(低速试验台)

2.3.2　冲击载荷激励下的振动特性

1. 中速转子系统特性

在时间上变化迅速的外载荷称为冲击载荷。在计算中，若载荷在被冲击体的自振周期的二分之一时间内由最小值变化到最大值，则看作冲击载荷。这里施加的载荷大小有 40N · m、60N · m 和 80N · m 三种，均持续时间 0.2s。接下来，首先分析冲击载荷，以其中 40N · m 量值为例。图 2-15 为冲击载荷的载荷特性，从图中可以看出，在第 5s 时刻开始加载，第 5.2s 之后载荷陡降为零；图 2-16 中虚线框内的信号部分，对应冲击过程的 0.2s，表现出载荷激励的特性反映在相应的位移特性中，呈现出幅值瞬间的突增变化；图 2-17 为受载后转速降低时的情况；图 2-18 中上方的放大图，对应加载时刻的信号部分(虚线圆内)，表明转子系统受载后的扭振角出现了一个峰值凸起。

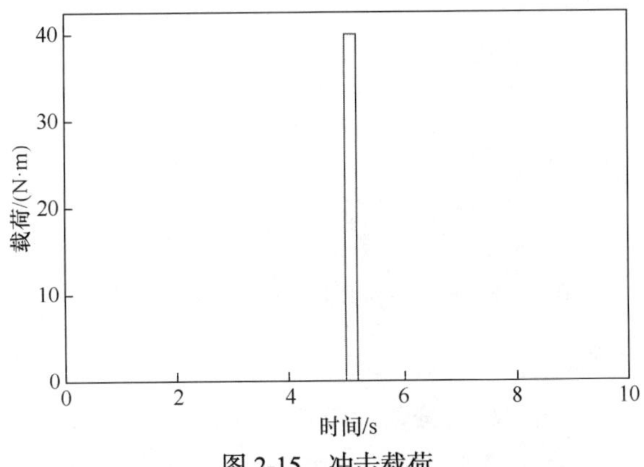

图 2-15　冲击载荷

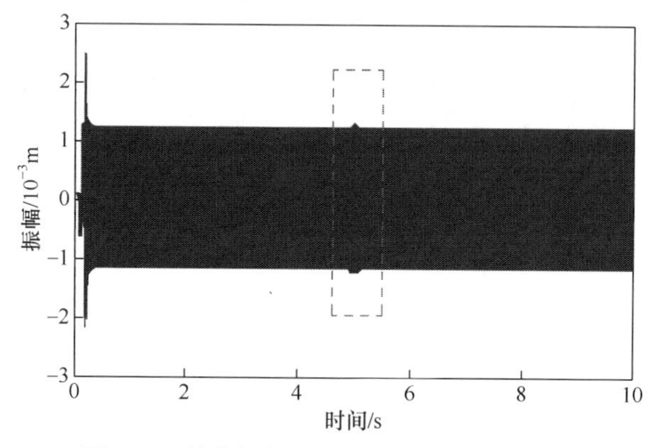

图 2-16　转盘振幅(x 方向)(冲击载荷激励下)

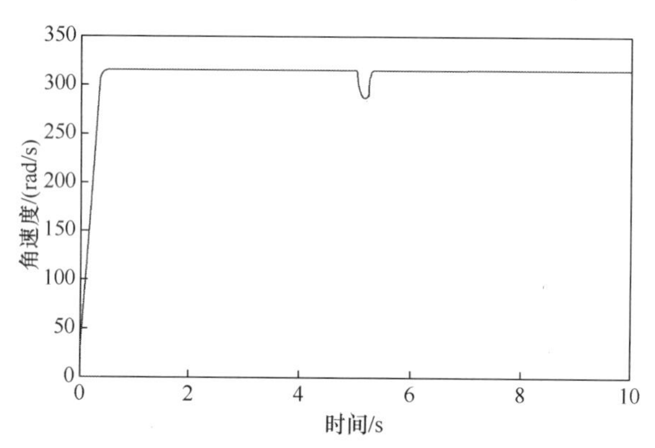

图 2-17　转子系统转速(冲击载荷激励下)

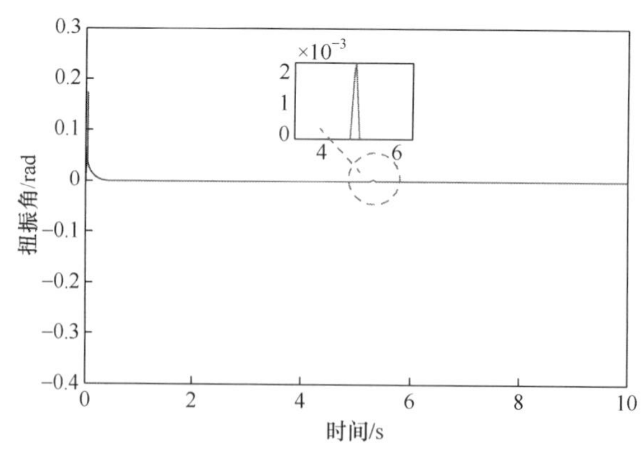

图 2-18　转子系统扭振角(冲击载荷激励下)

2. 低速转子系统特性

在仿真系统中，施加的冲击载荷大小有 400N · m、1000N · m 和 1600N · m 三种，均持续加载 0.2s。此处选取大小为 400N · m 的冲击载荷进行说明。如图 2-19

所示，在冲击载荷的作用时间里，滚筒位移在幅值上也随之出现了一个冲击变化；如图 2-20 所示，此时扭振角也存在一个陡变。

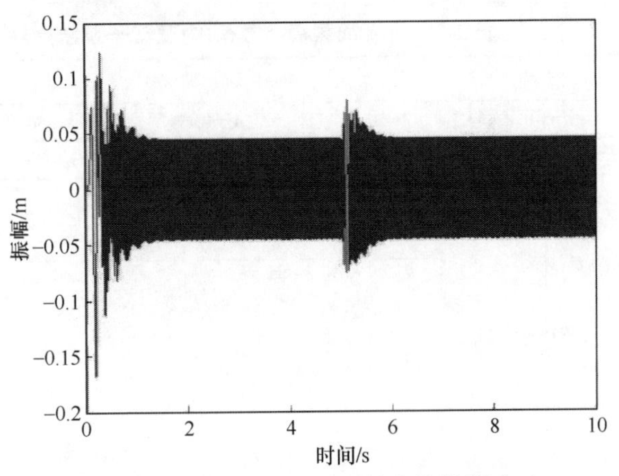

图 2-19　滚筒振幅(x 方向)(冲击载荷激励下)

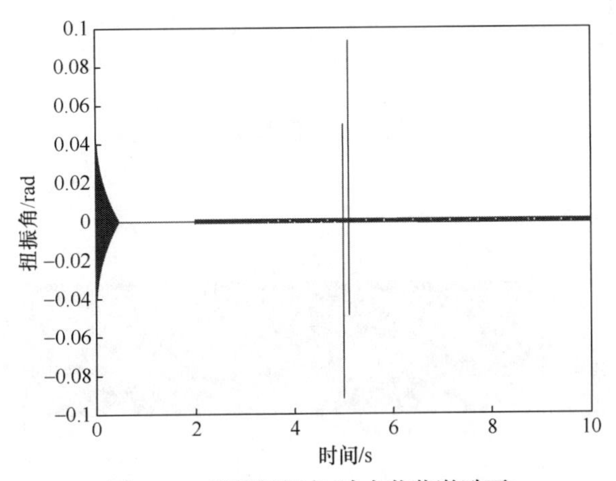

图 2-20　滚筒扭振角(冲击载荷激励下)

2.3.3　稳态载荷激励下的振动特性

1. 中速转子系统特性

若转子系统所受外载荷量值持续在定值状态，则该载荷称为稳态载荷。中速转子系统的稳态载荷仿真加载量值如表 2-3 所示，它们在系统中的工作时间为第 2～10s。本节选取某参数的稳态载荷进行说明。如图 2-21 所示，选取 40N · m 载荷量值，从第 2s 开始实施稳态加载。图 2-22 中虚线框内的信号部分表明，仿真过程中，在 40N · m 稳态载荷作用下，激励特性导致位移特性的改变，使得位移幅值变大并保持稳定。如图 2-23 所示，施加稳态载荷后，系统的转速明显降低，并维持该速度运行。加载后的扭振角如图 2-24 所示，从图中可以看出，其角度幅值变大并一直呈现稳态恒值。

表 2-3　仿真加载稳态载荷(中速转子系统)

载荷类型	加载载荷/(N · m)				
稳态	M=30	M=35	M=40	M=50	M=55
	M=60	M=65	M=70	M=75	M=80

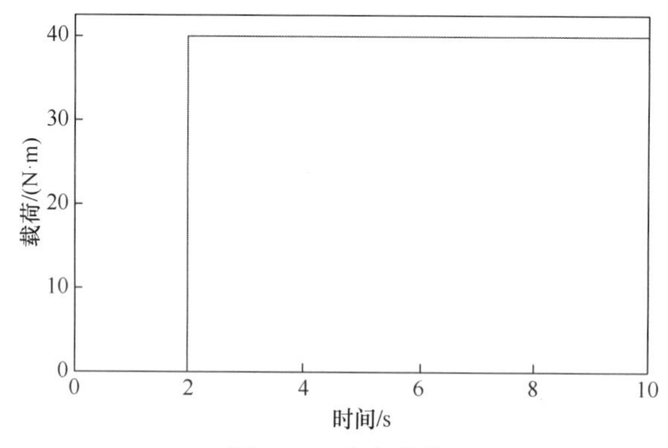

图 2-21　稳态载荷

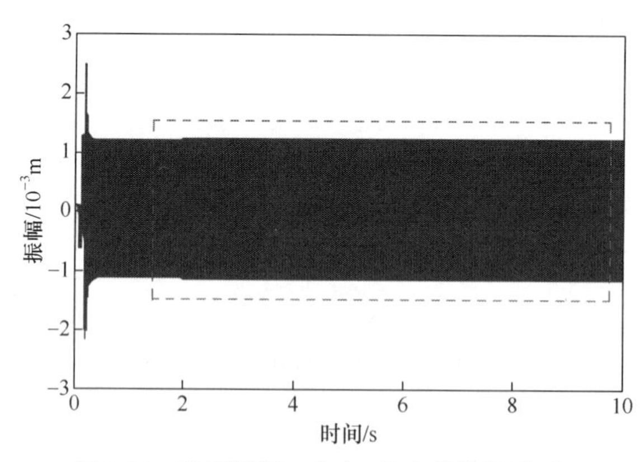

图 2-22　转盘振幅(x 方向)(稳态载荷激励下)

2. 低速转子系统特性

低速转子系统的稳态载荷仿真加载量值如表 2-4 所示，它们在系统中的加载工作时间为第 2～10s。在本节仿真中，选取 400N · m 的稳态载荷进行分析。在载荷工作时间内，由图 2-25 可以看出，其滚筒的振动位移是整体增加的，并且在加载过程中一直呈现较稳定的幅值规律；由于系统惯性，在加载初始振动变化存在时间上的延时。图 2-26 则呈现了滚筒扭振角的变化。

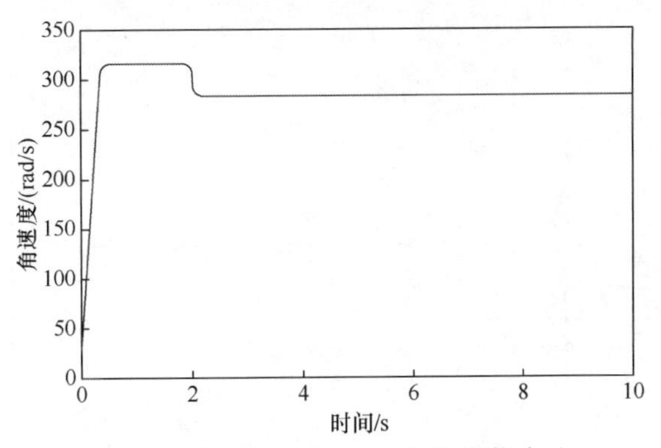

图 2-23　转子系统转速(稳态载荷激励下)

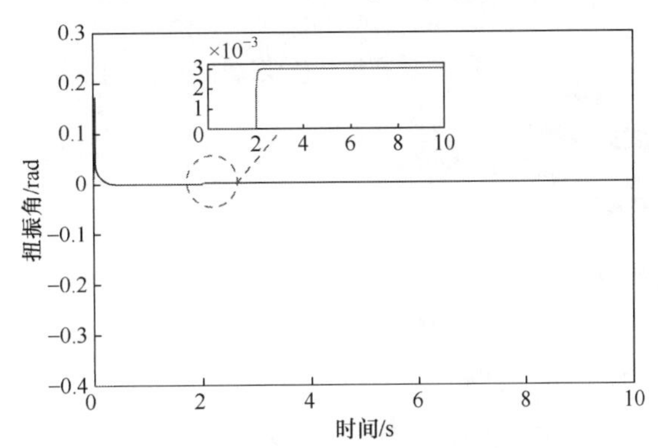

图 2-24　转子系统扭振角(稳态载荷激励下)

表 2-4　仿真加载稳态载荷(低速转子系统)

载荷类型	加载载荷/(N · m)				
稳态	M=300	M=400	M=500	M=600	M=700
	M=1000	M=1100	M=1200	M=1300	M=1400

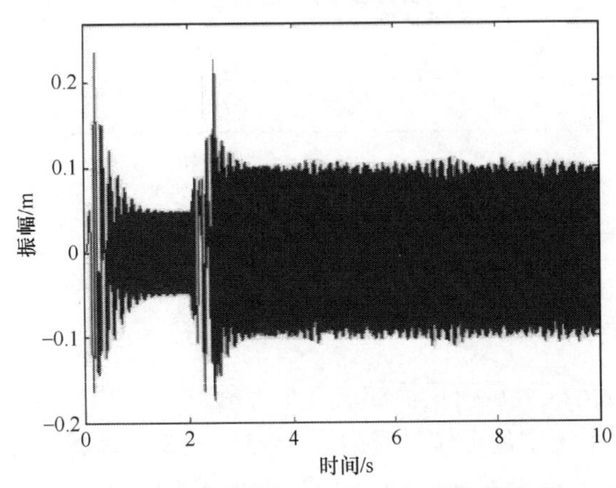

图 2-25　滚筒振幅(x 方向)(稳态载荷激励下)

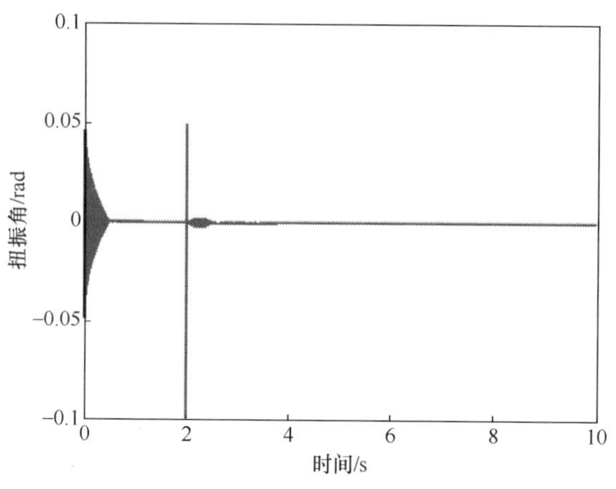

图 2-26　滚筒扭振角(稳态载荷激励下)

2.3.4　线性载荷激励下的振动特性

1. 中速转子系统特性

一般来说,线性载荷是其幅值与时间之间呈现线性比例关系的一种载荷类型。中速转子系统的线性载荷仿真加载量值如表 2-5 所示。这里分析加载后振动信号的特性，以(0.1t+40)N · m 为例，它们在系统中的工作时间持续 8s，如图 2-27 所示。由图 2-28 可以看出，从第 2s 开始，振动位移呈缓慢增大趋势。由于本书研究重点包括稳态载荷与线性载荷之间的辨识，所以线性载荷的量值设置上斜率取值较小，图中位移线性变化的幅度也相应较小。图 2-29 显示转子系统加载后导致减小的转速，并持续按照线性规律缓慢变小。图 2-30 则给出了转子系统扭振角的变化规律。

表 2-5　仿真加载线性载荷(中速转子系统)

载荷类型	加载载荷/(N · m)		
线性	M=t+40	M=t+50	M=0.5t+30
	M=0.2t+30	M=0.2t+50	M=0.1t+30
	M=0.1t+40	M=0.1t+50	M=0.5t+50

2. 低速转子系统特性

对该系统施加的线性载荷量值如表 2-6 所示,这里选取(t+800)N · m 载荷为例进行分析。它们在系统中的工作时间为第 2～10s，图 2-31 给出了在载荷作用的时间内，振动信号幅值有沿着 x 轴正方向递增的趋势。其滚筒扭振角的变化则由

图 2-32 给出。

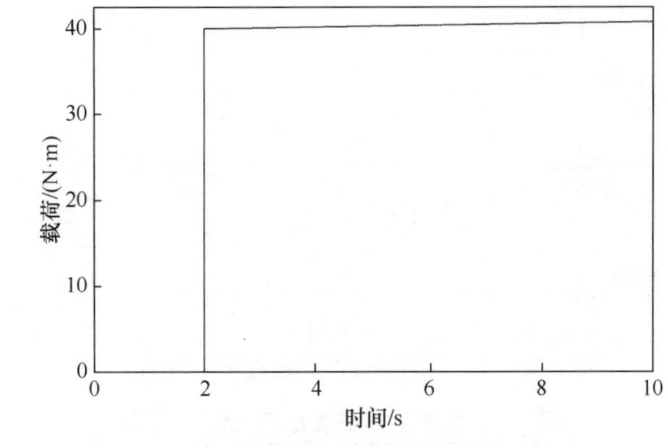

图 2-27　线性载荷

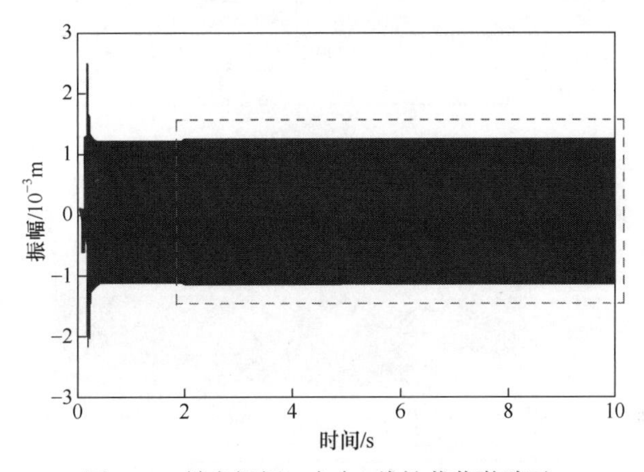

图 2-28　转盘振幅(x 方向)(线性载荷激励下)

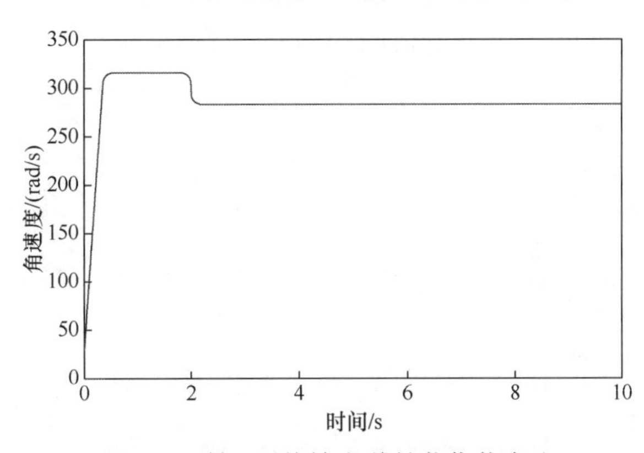

图 2-29　转子系统转速(线性载荷激励下)

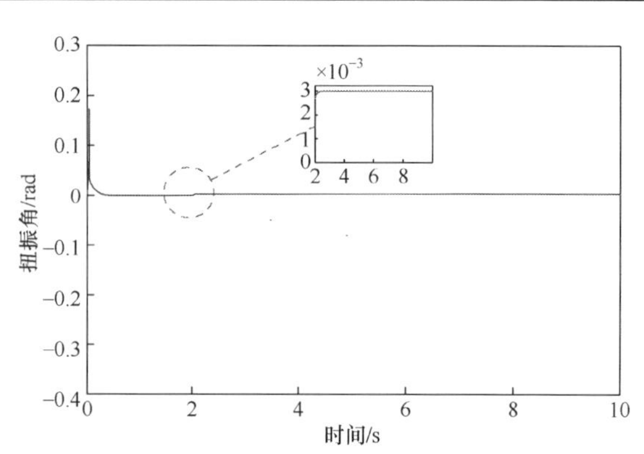

图 2-30　转子系统扭振角(线性载荷激励下)

表 2-6　仿真加载线性载荷(低速转子系统)

<table>
<tr><td>载荷类型</td><td colspan="12">加载载荷/(N · m)</td></tr>
<tr><td rowspan="2">线性</td><td colspan="4">M=0.1t+400</td><td colspan="4">M=t+200</td><td colspan="4">M=t+500</td></tr>
<tr><td colspan="3">M=t+800</td><td colspan="3">M=2t+200</td><td colspan="3">M=2t+500</td><td colspan="3">M=2t+800</td></tr>
</table>

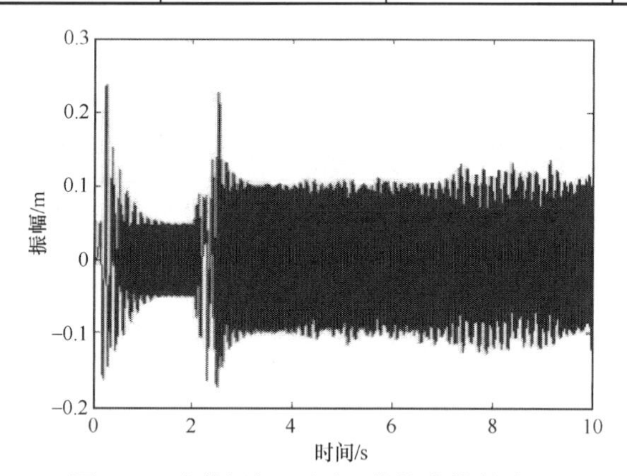

图 2-31　滚筒振幅(x 方向)(线性载荷激励下)

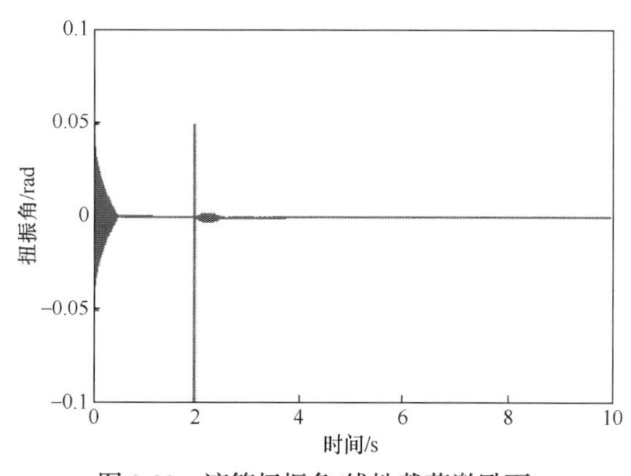

图 2-32　滚筒扭振角(线性载荷激励下)

2.3.5　简谐载荷激励下的振动特性

1. 中速转子系统特性

载荷的大小按简谐规律变化的载荷称为简谐载荷。仿真加载载荷量值如表 2-7 所示，仿真持续时间为第 2～10s。仿真中，$(\sin10\pi t+40)\text{N}\cdot\text{m}$ 的载荷特性如图 2-33 所示。如图 2-34 所示，载荷在 8s 加载区间内的工作图表明了激励特性影响其位移特性，虚线框内在第 2s 处信号振幅出现增大变化。图 2-35 表明，转子系统的转速明显减小后，呈简谐波动规律。图 2-36 中，转子扭振角在第 2s 后按照简谐形式波动；与前述的仿真相似，角度也发生了正转向变化。

表 2-7　仿真加载载荷(中速转子系统)

载荷类型	加载载荷/(N · m)				
简谐	$M=\sin10\pi t+40$	$M=10\sin4\pi t+40$	$M=10\sin4\pi t+50$	$M=10\sin4\pi t+60$	$M=10\sin4\pi t+70$
	$M=10\sin10\pi t+40$	$M=20\sin4\pi t+60$	$M=20\sin10\pi t+60$	$M=20\sin10\pi t+40$	$M=10\sin10\pi t+60$

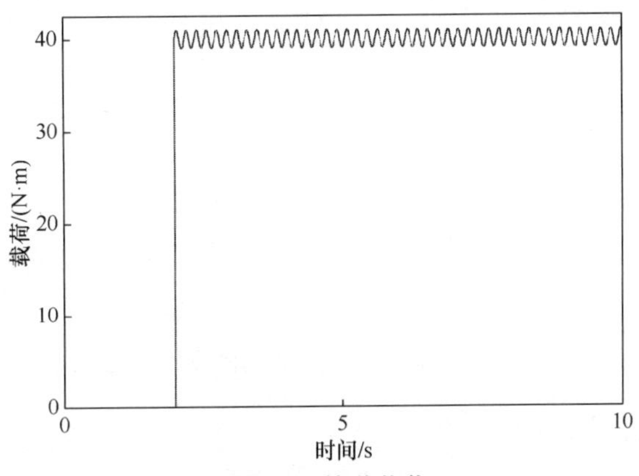

图 2-33　简谐载荷

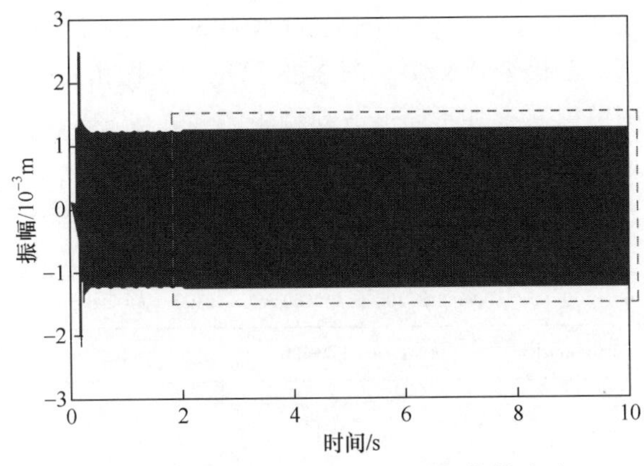

图 2-34　转盘振幅(x 方向)(简谐载荷激励下)

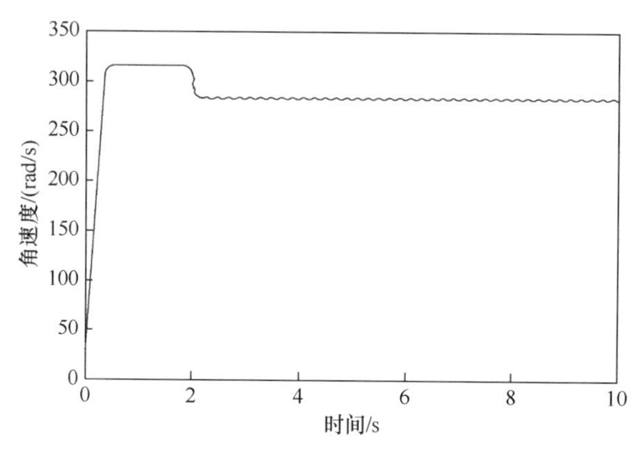

图 2-35　转子系统转速(简谐载荷激励下)

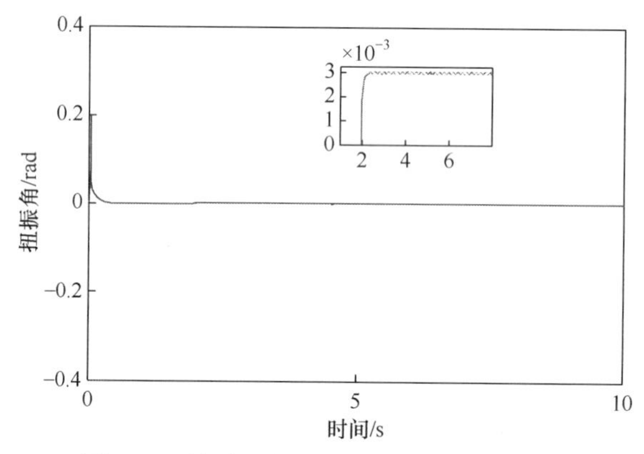

图 2-36　转子系统扭振角(简谐载荷激励下)

2. 低速转子系统特性

低速转子系统的简谐载荷仿真加载量值如表 2-8 所示，作用时间在第 2～10s，共持续 8s。如图 2-37 所示，以分析(sin20πt+400)N · m 的简谐载荷为例，在第 2s 处开始，它的振幅呈简谐变化趋势。图 2-38 给出了扭振角随时间的变化波动图，从上方的放大框图可以看到其呈简谐波动趋势。

表 2-8　仿真加载载荷(低速转子系统)

载荷类型	加载载荷/(N · m)				
简谐	M=sin20πt+400	M=100sin4πt+300	M=100sin20πt+300	M=200sin4πt+300	M=200sin20πt+400
	M=200sin4πt+400	M=100sin4πt+400	M=500sin4πt+1000	M=500sin20πt+1000	

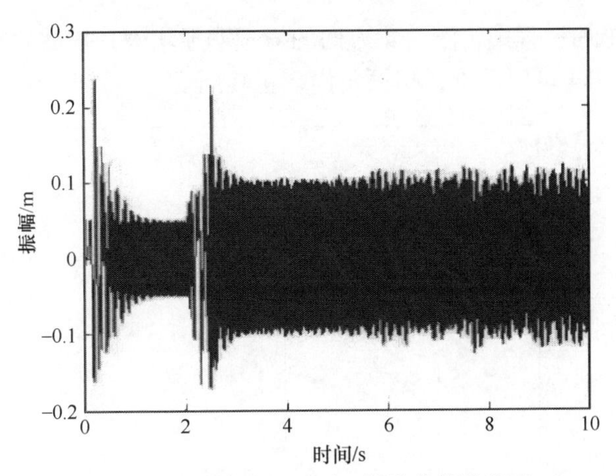

图 2-37　滚筒振幅(x 方向)(简谐载荷激励下)

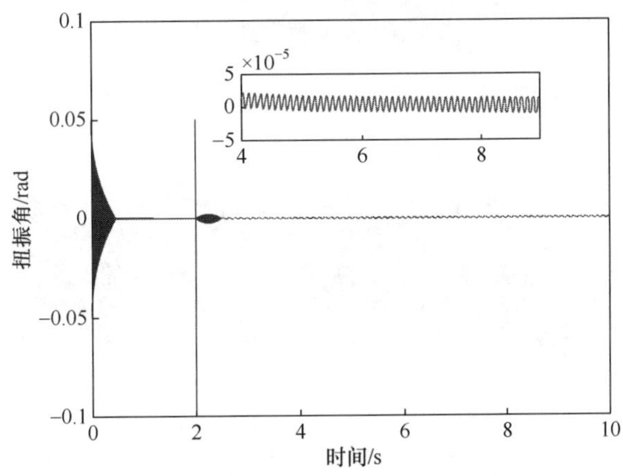

图 2-38　滚筒扭振角(简谐载荷激励下)

2.3.6　暂态载荷激励下的振动特性

1. 中速转子系统特性

与冲击载荷相比，转子系统所受的暂态载荷是指载荷突变后持续历程较长的载荷。这里持续加载暂态载荷 3s。如图 2-39 所示，以加载 40N · m 暂态载荷为例。图 2-40 表明了暂态载荷的振幅特性和载荷激励特性趋同，虚线框内为振幅增大部分。图 2-41 给出了第 2～5s 时幅值减小的转子系统转速情况。如图 2-42 所示，扭振角也在第 2～5s 区间段出现了量值增大。

2. 低速转子系统特性

选取大小为 400N · m、1000N · m 和 1600N · m 的暂态载荷施加在模型上，这些载荷均分别作用在第 2～5s 区间。此处以加载 400N · m 载荷为例。如图 2-43

所示，在载荷施加过程中，滚筒 x 方向的振幅明显增大；撤载后，位移幅值又发生回落。由图 2-44 可以看出，扭振角出现正转向变化，同时伴有阶段性增大。

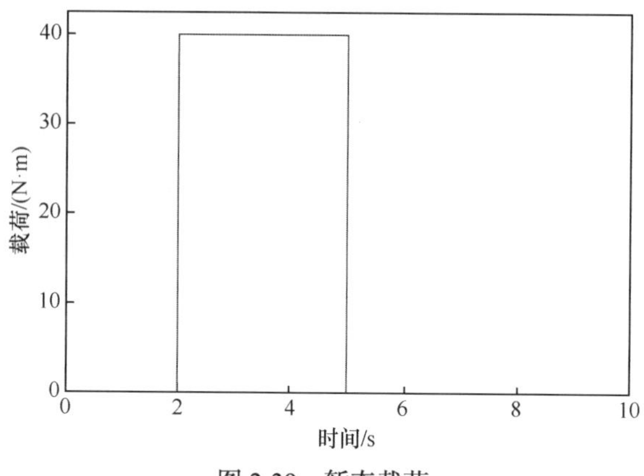

图 2-39　暂态载荷

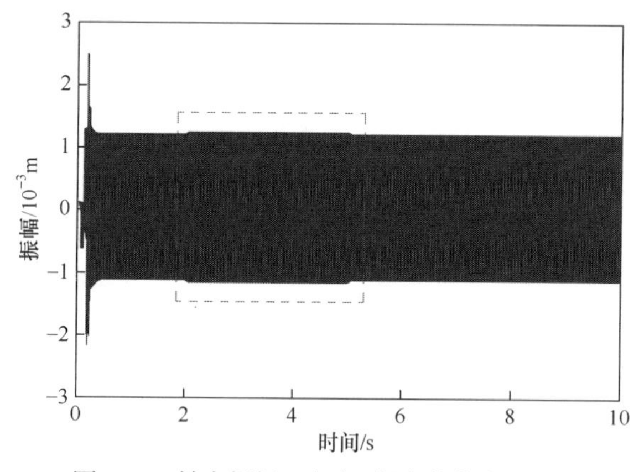

图 2-40　转盘振幅(x 方向)(暂态载荷激励下)

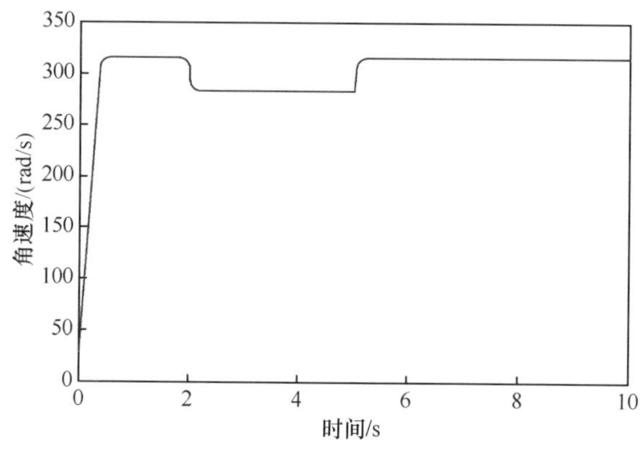

图 2-41　转子系统转速(暂态载荷激励下)

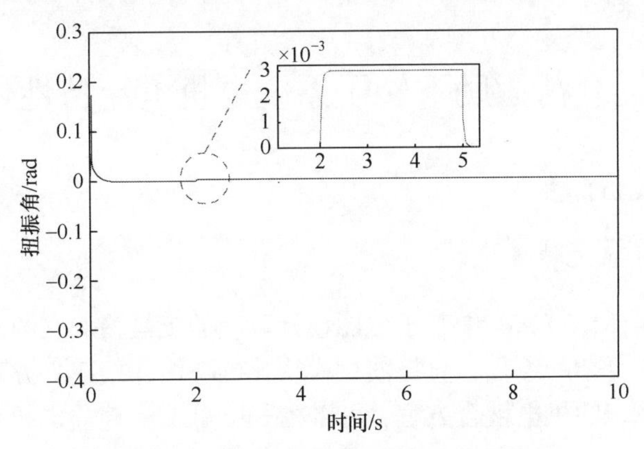

图 2-42　转子系统扭振角(暂态载荷激励下)

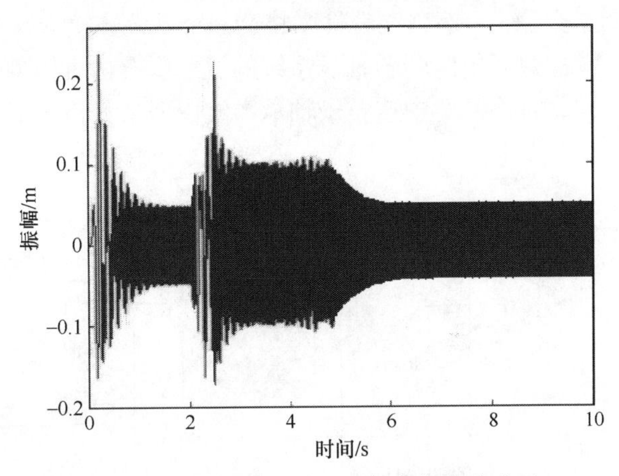

图 2-43　滚筒振幅(x 方向)(暂态载荷激励下)

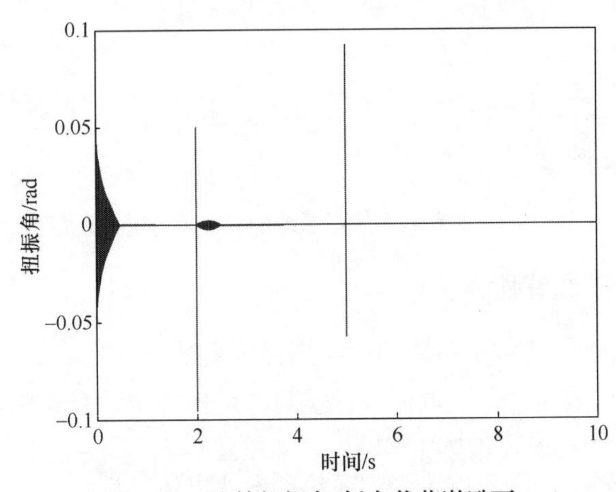

图 2-44　滚筒扭振角(暂态载荷激励下)

2.4　载荷激励下转子系统电机电流特性仿真

2.4.1　Simulink 仿真模型

1. 中速转子系统特性

Simulink 是 MATLAB 中基于框图设计环境的工具箱，它的功能十分强大，可以有效地避免复杂的编程，直接使用模块化的框图连接建立方程。上面所述的单跨转子轴承系统的机电耦合方程，可以在 Simulink 中建立电机系统、机械转子系统和载荷施加系统。

这里以中速转子系统为例，在软件中将这三个系统连接起来得到完整的机电耦合模型。图 2-45 构建了单跨转子轴承系统的机电耦合仿真模型。在软件中将仿真时间设定为 5s，此时将针对中速转子轴承系统模型来分析电机的特性。

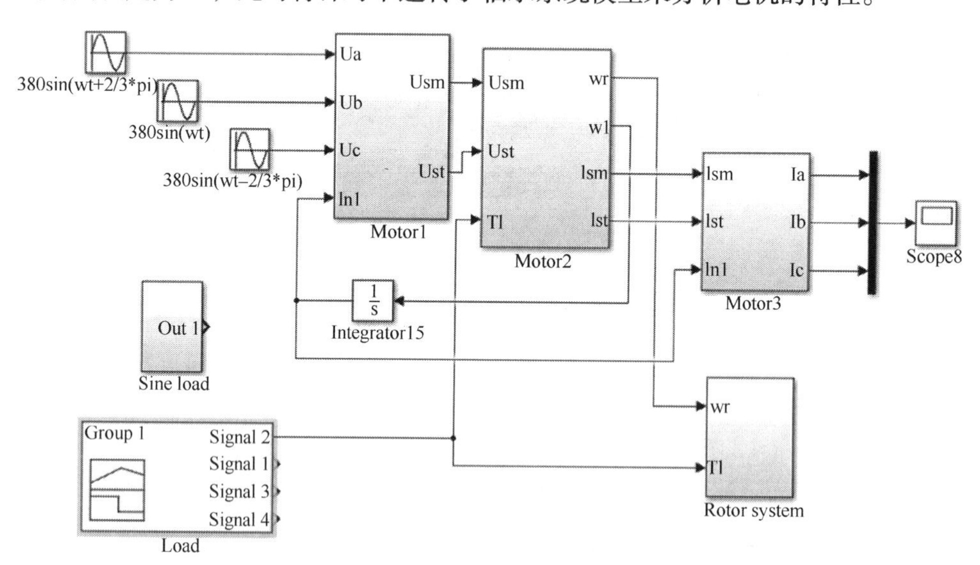

图 2-45　单跨转子轴承系统的机电耦合仿真模型

2. 低速转子系统特性

图 2-46 给出了低速转子系统的机电耦合仿真模型。在 Simulink 的模型中输入机电耦合方程中的各个参数，此时在 MATLAB 中运行仿真系统，可以得到不同载荷类型作用下系统的电机电流变化特性。

下面以中速转子系统为例，说明系统的电机电流特性。

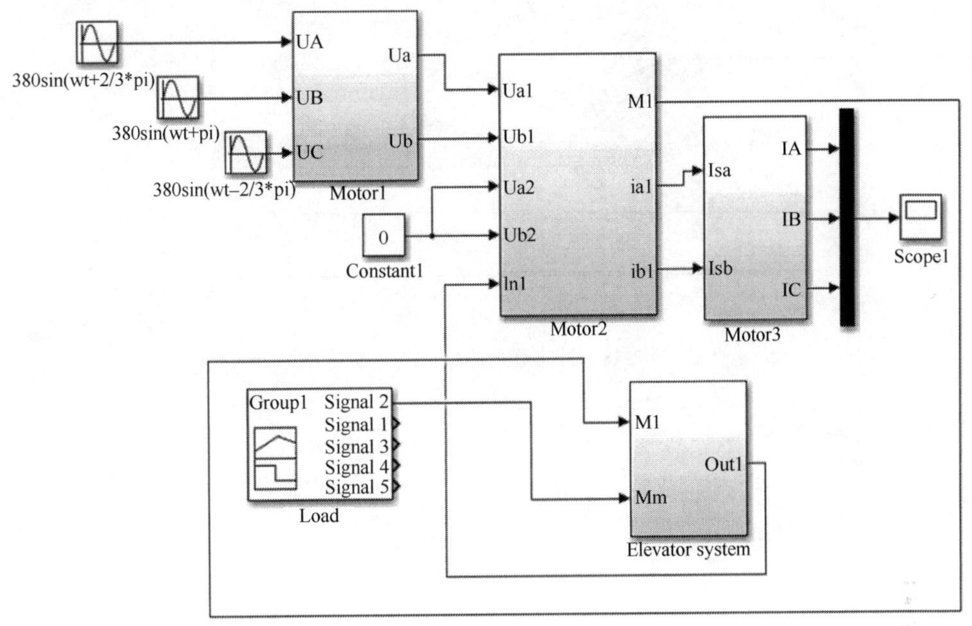

图 2-46　低速转子系统的机电耦合仿真模型

2.4.2　冲击载荷激励下的电流特性

这里为中速转子系统施加冲击载荷。在图 2-47 中，将大小为 10N · m 的载荷 M 施加于仿真模型上，作用时间点由第 5s 时开始至第 5.2s 时结束。

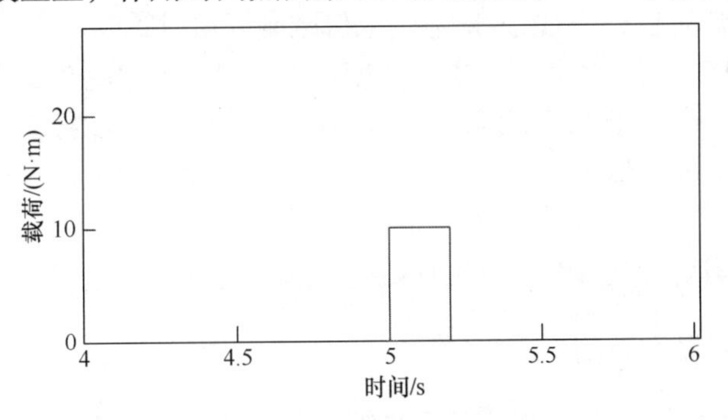

图 2-47　冲击载荷 M=10N · m

在时间为第 5s 时，对仿真模型施加冲击力的作用，经过 0.2s 后立即取消，电流先由小变大，后又变小；由于系统惯性，电流响应时出现了延时现象，图 2-48 给出了这一变化过程。如图 2-49 所示，在冲击载荷作用下，电磁转矩相应地呈现出明显的幅值突起。

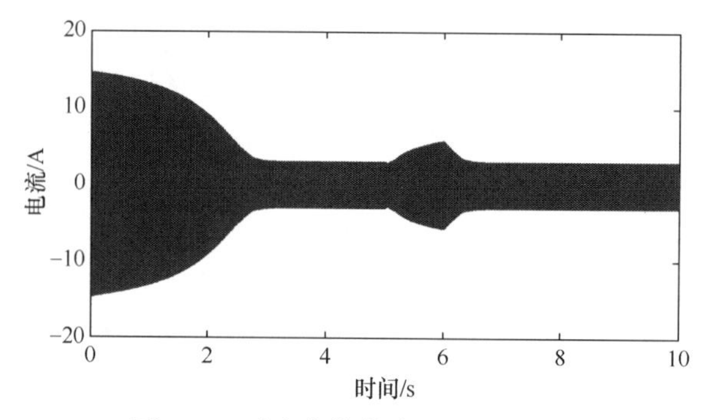

图 2-48　冲击载荷激励下的电机电流

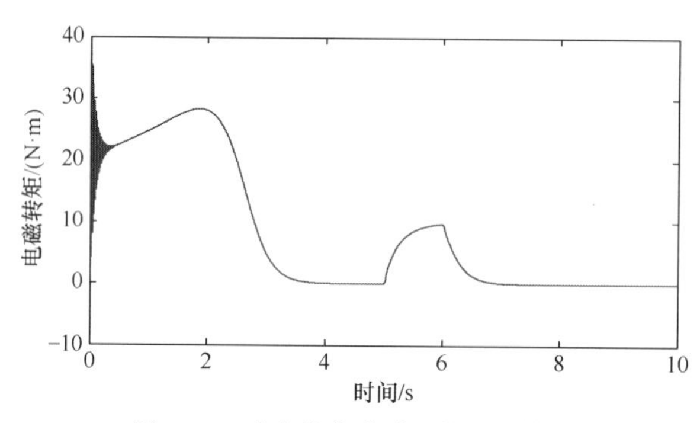

图 2-49　冲击载荷激励下的电磁转矩

值得一提的是，电流在初始第 0s 时即出现了较大的幅值量，并在第 0～3s 区间内呈逐步衰减的趋势，这恰好对应了电机刚刚开启时瞬间产生的大电流现象(定子中三相电流产生的磁场相对转子的速度在电机启动阶段达到最大，此时转子和定子之间的转差率等于 1，因此导致启动时的电流很大)；第 3s 后电机进入正常的平稳工作状态，电流值也相应降低并保持稳定，为初始大电流幅值的 1/5 左右。相应地，图 2-49 中电磁转矩的初始部分，即第 0～3s 的时间段也反映了电机的初始启动规律。当后续几种载荷分别加载时，这些现象也均出现。

2.4.3　稳态载荷激励下的电流特性

本节为中速转子系统施加稳态载荷。仿真模型中，系统在施加大小为 M=20N · m 的载荷后，可以得到图 2-50 所示的加载形式，时间从第 5s 开始。

在第 5s 时将稳态载荷施加给系统，同时电流信号的幅值也相应地变大到某一个定值后保持不变；由于系统惯性，电流响应时出现了延时现象，如图 2-51 所示。如图 2-52 所示，电磁转矩受稳态载荷作用后，量值呈现增大且保持的变化趋势，并与施加的载荷量值基本一致。

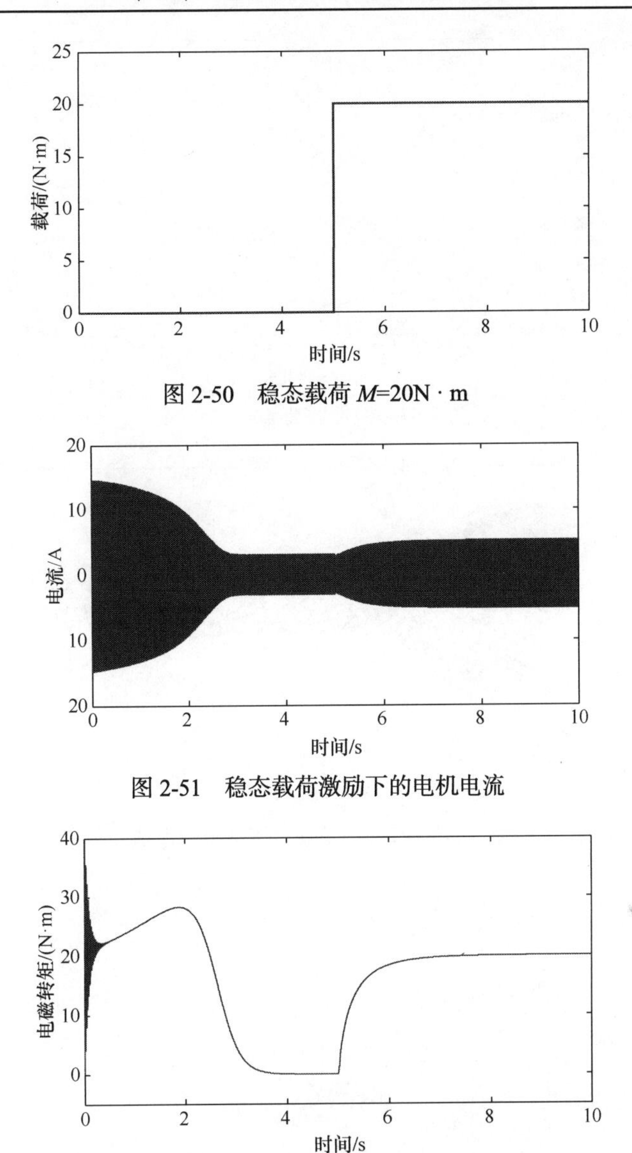

图 2-50　稳态载荷 M=20N · m

图 2-51　稳态载荷激励下的电机电流

图 2-52　稳态载荷激励下的电磁转矩

2.4.4　线性载荷激励下的电流特性

本节为中速转子系统施加线性载荷。在仿真模型中，将 M=(5t)N · m 的线性载荷施加于转子系统，以第 6s 为起始时间，载荷形式如图 2-53 所示。在第 6s 时将线性载荷施加于系统，载荷的线性递增属性导致电流信号呈线性上升趋势，如图 2-54 所示。如图 2-55 所示，电磁转矩在受载后，量值呈现线性增大的变化趋势。

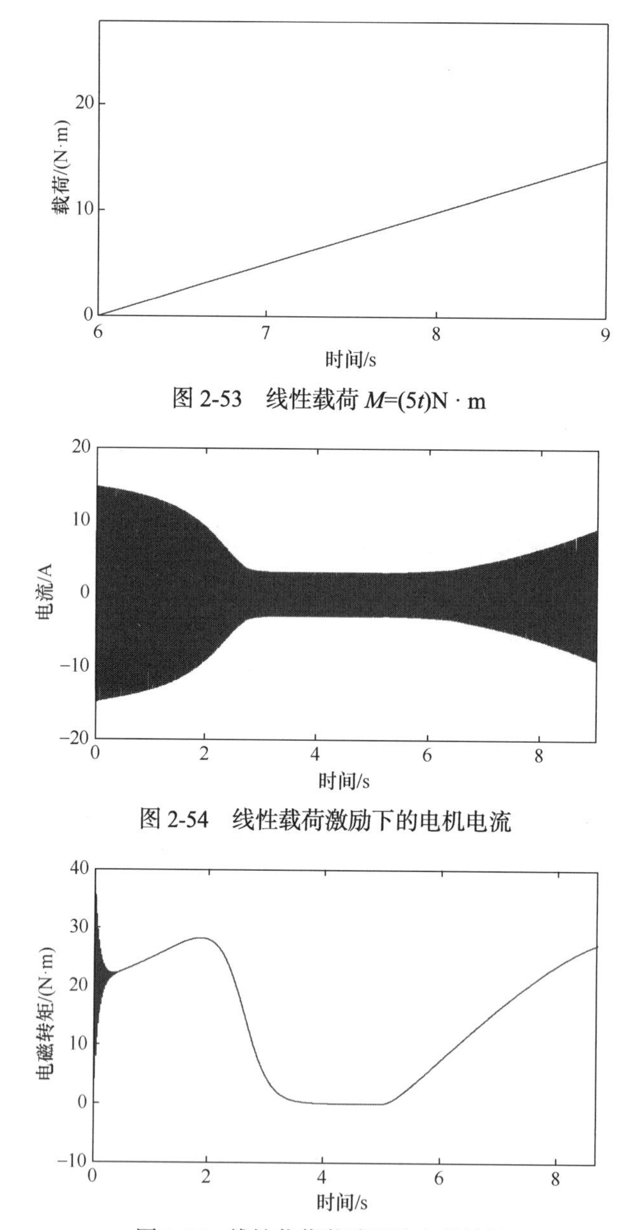

图 2-53　线性载荷 $M=(5t)$N · m

图 2-54　线性载荷激励下的电机电流

图 2-55　线性载荷激励下的电磁转矩

2.4.5　简谐载荷激励下的电流特性

本节为中速转子系统施加简谐载荷。在仿真模型中，将 $M=(10\sin4\pi t+10)$N · m 的简谐载荷施加于转子系统，以第 5s 为起始时间，载荷形式如图 2-56 所示。

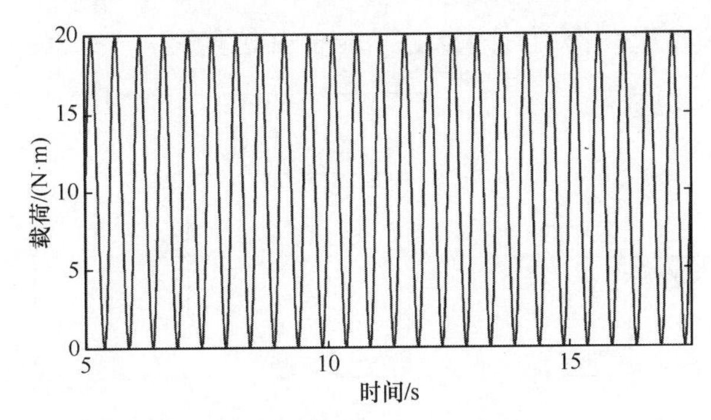

图 2-56　简谐载荷 $M=(10\sin 4\pi t+10)\mathrm{N\cdot m}$

在第 5s 时将简谐载荷施加于转子系统，电流开始增大并逐步趋于稳定，处于稳定的电流的幅值呈现上下波动的状态；由于系统惯性，电流响应时出现了延时现象，如图 2-57 所示。电磁转矩也相应发生幅值增大，并可见波动形态，如图 2-58 所示。

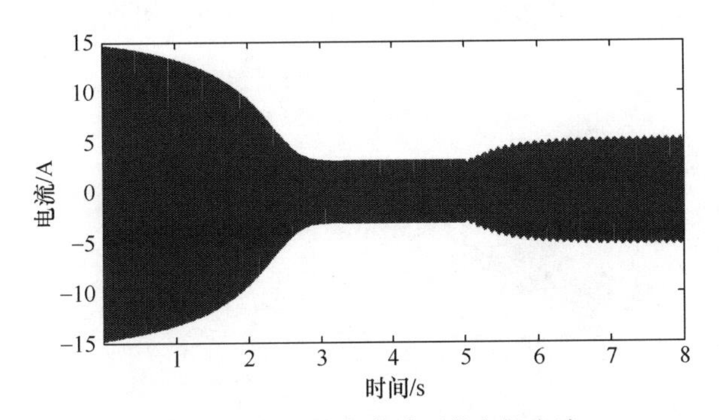

图 2-57　简谐载荷激励下的电机电流

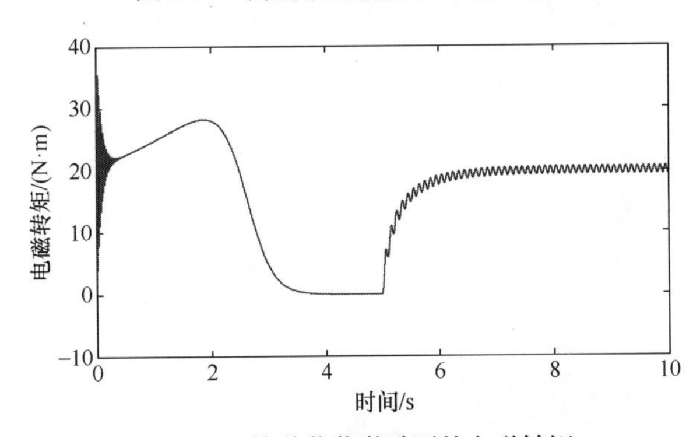

图 2-58　简谐载荷激励下的电磁转矩

2.4.6　暂态载荷激励下的电流特性

本节为中速转子系统施加暂态载荷。在图 2-59 中，将大小为 20N · m 的载荷

M 施加于仿真模型上，作用时间点由第 5s 时开始至第 8s 时结束。

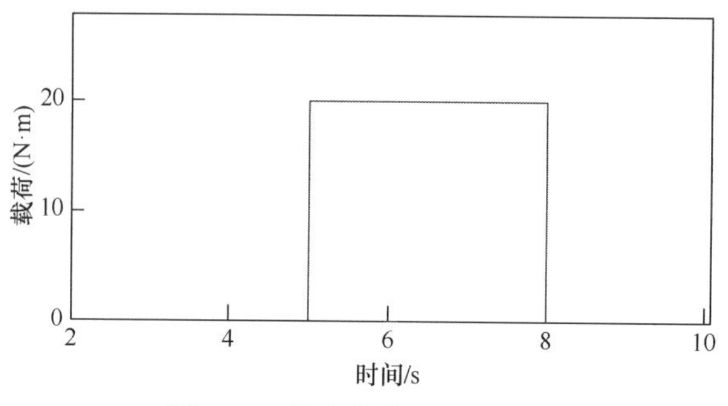

图 2-59　暂态载荷 M=20N · m

在时间为第 5s 时对仿真模型施加暂态载荷，经过 3s 后取消，故电流先由小变大并保持一段时间，之后又变小。由于系统存在惯性，电流响应时出现了延时现象，图 2-60 给出了这一变化过程。图 2-61 中，在暂态载荷作用下，电磁转矩相应地呈现出了明显的幅值持续增大，之后又回落到零值附近。

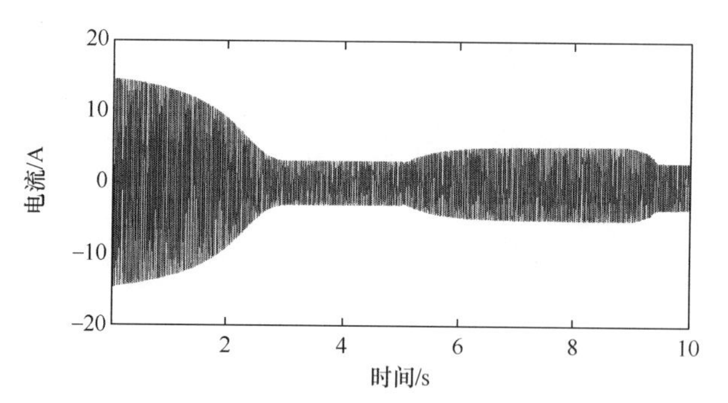

图 2-60　暂态载荷激励下的电机电流

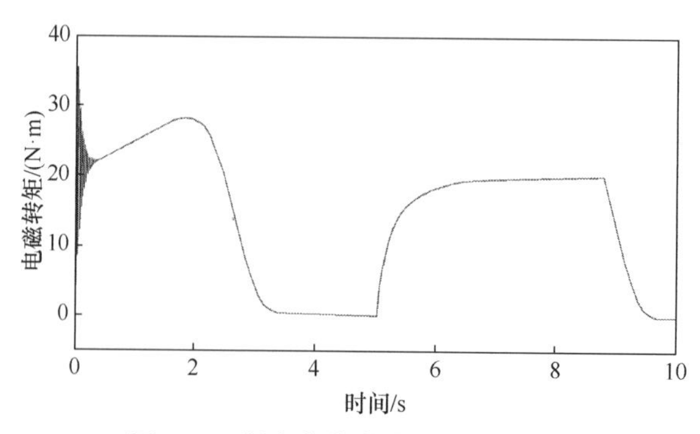

图 2-61　暂态载荷激励下的电磁转矩

2.5 小　结

本章分别以研制的两类转子系统(中速转子系统与低速转子系统)为建模原型，阐述了不同类型载荷激励下，转子系统动力学弯扭耦合模型与机电耦合模型的构建。另外，仿真研究了各类载荷(冲击载荷、稳态载荷、线性载荷、简谐载荷和暂态载荷)工况下机械转子系统的振动与电机电流特性，有效模拟了转子系统的运行、受载及响应。

(1) 将复杂转子系统抽象化为弹性体，使模型简化为集中质量和零质量的集合。同时推导出中速转子系统与低速转子系统的弯扭耦合微分方程，分别得到振动响应与载荷激励的关系方程，并且分别对五类载荷作用下的两类转子系统振动特性进行仿真分析。

(2) 根据弯扭耦合微分方程，得出偏心距在计算振动特性时具有重要作用。弯曲振动与扭转振动的计算均基于偏心距，还可据此推导出具有非线性特性的微分方程。

(3) 通过对异步电机-转子系统的结构和运动进行分析，基于拉格朗日方程，分别建立了中速转子系统和低速转子系统的机电耦合方程，并且模拟了稳态载荷、暂态载荷、线性载荷、简谐载荷和冲击载荷五类载荷下转子系统的电机电流特性。

第3章　基于振动信息的转子系统载荷辨识方法

3.1　引　　言

随着旋转机械向复杂化发展，其在运行过程中往往承受复杂多变的载荷激励，1.2节对此进行了较详细的阐述。通过分析可知，监测与辨识转子系统所受载荷、分析与诊断转子系统运行状态，对保障其安全、可靠运行具有重要的理论与现实意义。

由于当前载荷直测方法受各种现场条件限制而不宜获取载荷量值，所以运转中转子系统所受载荷的确定在工程中是一个难点，同时又是结构动态设计和运行状态监测的关键之一。因此，转子系统载荷辨识是较为复杂的系统性问题，必须利用载荷辨识技术来确定[12]。本章基于实测振动信息，针对机械转子系统中常见的五类载荷激励分别进行了定性与定量化辨识研究。试验信号的来源与获取详见第6章。

基于振动信息，对转子系统载荷的定性辨识，实际上就是将无规律信号处理后成为有益信息，也就是对象信号不断被逐层选择的一个过程。不同类型载荷工况常常反映在不同振动信号的特征信息里，振动特征信息有益于强化载荷辨识的效果。对于转子系统，本章提出一种振动信息强化处理的BPNN载荷辨识法。利用经验模式分解的改进方法与能量提取，实现对信息强化预处理。同样对于振动响应信息，还利用极限学习机(extreme learning machine, ELM)对系统所受的载荷进行回归辨识分析。将稳态载荷工况下转子系统振动信号作为模型输入，构建载荷与振动信息的关系模型，进而实现载荷的定量辨识。

3.2　振动信息强化处理方法

3.2.1　振动信息的EEMD

由于许多载荷激励的振动特征信号比较微弱，具有很强的非线性、非平稳特征，所以载荷辨识前需要进行信号预处理以突出特征信息。

预处理方法很多，然而事实上有的也不尽完美。小波分析因其自身的局限性，致使其窗内信号的平稳条件很重要[166]。STFT多用在信号缓变的情况下，这是因为其为每时段所配置的窗均不具有差异性[167]。而针对信息的非线性，经验模式分解更具有自适应特点，比较适合这一情况，在如地震分析、故障诊断等领域具有良好的应用效果[168,169]。然而，EMD 方法存在明显的模态混叠现象，特别是输入信息本身非线性程度较强或呈现脉冲的情况。而集合经验模态分解 (ensemble empirical mode decomposition, EEMD) 方法能够对其进行改进，获得更优的特征信息，提供更佳的神经网络样本数据，从而为下一步载荷辨识做好准备。

1. EEMD 原理

EEMD 属于噪声辅助数据分析方法，是一种改进的 EMD 方法[170]。在信号处理过程中，EEMD 和 EMD 的主要区别是：每次信息处理时，前者会给待处理信号添加高斯白噪声，以得到新的合成信息；同时由于是不断为待处理信号多次融合噪声，且最后对其进行数学平均计算，所以最终能够保留原始信息而滤掉人为添加的噪声。这也是 EEMD 方法的分解原理，其处理流程如图 3-1 所示。

图 3-1 中所示的 EEMD 方法步骤如下。

(1) 将原始信号分别多次加入白噪声序列。以第 j 次添加白噪声为例，将原始信号 $x(t)$加入一个高斯白噪声序列 $n_j(t)$，使得

$$x_{i,j}(t)=x(t)+n_j(t),\quad i=0,1,\cdots,I;\ j=1,2,\cdots,J \tag{3-1}$$

式中，$n_j(t)$代表给原始信号第 j 次添加的白噪声；j 表示添加白噪声的先后次序；J 表示添加白噪声的总次数；$x_{i,j}(t)$表示第 j 次加噪后的第 i 阶信号，i 表示某次加噪后 EMD 得到的各本征模态函数(intrinsic mode function, IMF)的先后次序；I 表示 IMF 的总次数。

(2) 将 $x_{i,j}(t)$进行分解，过程中在求取信号极大值与极小值点后，构造信号的上、下包络线并计算包络线平均值 $m_{i,j}(t)$，即

$$m_{i,j}(t)=\frac{u_{i,j}(t)+v_{i,j}(t)}{2} \tag{3-2}$$

式中，$u_{i,j}(t)$、$v_{i,j}(t)$分别表示上、下包络线。

(3) 将原数据序列减去 $m_{i,j}(t)$，可得到一个减去低频成分的新序列 $h_{i,j}(t)$，即

$$h_{i,j}(t)=x_{i,j}(t)-m_{i,j}(t) \tag{3-3}$$

判断 $h_{i,j}(t)$是否符合 EMD 方法中的两个 IMF 要求。如果 $h_{i,j}(t)$不满足 IMF 条件则需返回二次迭代；反之，按照流程图继续向下执行。这时，有

$$i=i+1;\quad c_{i,j}(t)=h_{i,j}(t);\quad r_j(t)=x_{i,j}(t)-c_{i,j}(t) \tag{3-4}$$

再判断 $r_j(t)$是否满足停止条件，当 $r_j(t)$成为一个单调函数时，筛选结束。如果不满足，则需对 $r_j(t)$返回上述分解至不能再分。此时满足停止条件，得到

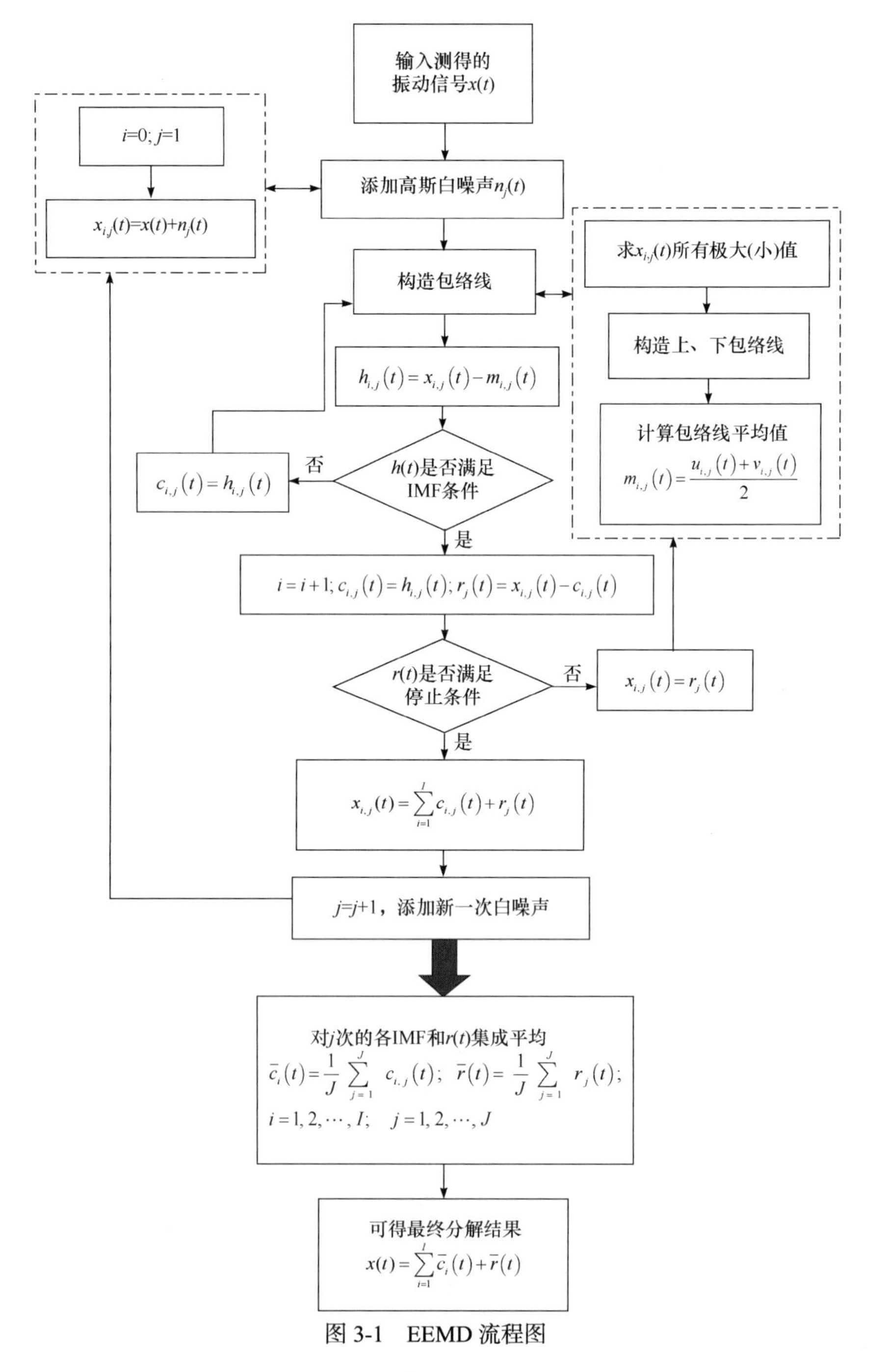

图 3-1　EEMD 流程图

$$x_{i,j}(t)=\sum_{i=1}^{I}c_{i,j}(t)+r_j(t) \tag{3-5}$$

式中，$c_{i,j}(t)$为第 j 次加噪后，经 EMD 方法得到的第 i 个 IMF 分量；$r_j(t)$为第 j 次加噪后，分解得到的残余分量。

(4) 预处理共循环运算 J 次，每次均为初始信息融合一次高斯白噪声 $n_j(t)$。当 J 足够大时，可使添加白噪声影响趋近于 0。EEMD 中所加高斯白噪声的总次数服从式(3-6)的统计规律，即

$$\varepsilon_n = \frac{\varepsilon}{\sqrt{J}} \tag{3-6}$$

式中，J 一般在[100,300]范围取值；ε 为高斯白噪声的幅值；ε_n 为预处理前后信号间误差[171]。

(5) 添加过 J 次白噪声的信号分解完成后，对 J 次的各 IMF 进行集成平均，即

$$\overline{c}_i(t) = \frac{1}{J}\sum_{j=1}^{J} c_{i,j}(t), \qquad i = 1, 2, \cdots, I;\ j = 1, 2, \cdots, J \tag{3-7}$$

同时，对 J 次分解得到的残余分量 $r_j(t)$进行集成平均处理，即

$$\overline{r}(t) = \frac{1}{J}\sum_{j=1}^{J} r_j(t) \tag{3-8}$$

则原始信号的最终分解结果为

$$x(t) = \sum_{i=1}^{I} \overline{c}_i(t) + \overline{r}(t) \tag{3-9}$$

式中，$\overline{c}_i(t)$表示 EEMD 后最终得到的各 IMF 分量；$\overline{r}(t)$表示最终的残余分量。

2. 振动信号分解

1) 基于中速转子系统

本节以幅值为 40N · m 的冲击载荷、暂态载荷、稳态载荷，以及$(t+40)$N · m 的线性载荷和$(10\sin 10\pi t+40)$N · m 的简谐载荷为例，对转盘 x 方向的位移试验信号进行分析，试验背景详见第 6 章。

在 EEMD 过程中，选取的噪声方差 Nstd 为 0.02，高斯噪声叠加次数 Ne 为 100，从而得到各阶 IMF 分量和一个残余分量。图 3-2～图 3-6 为针对上述五类参数载荷激励下转子系统的转盘径向水平方向位移试验信号进行 EEMD 后的效果，

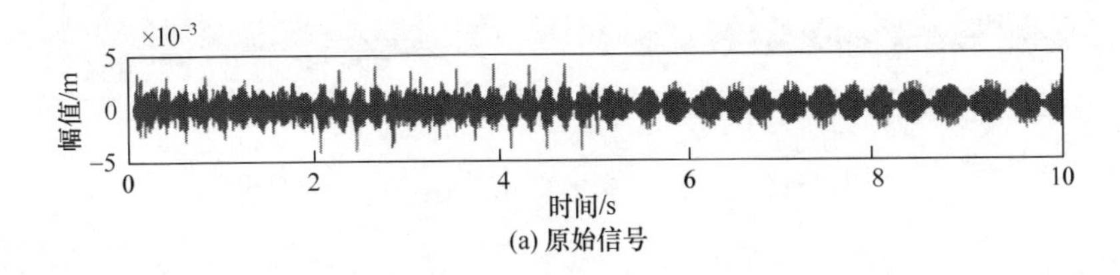

(a) 原始信号

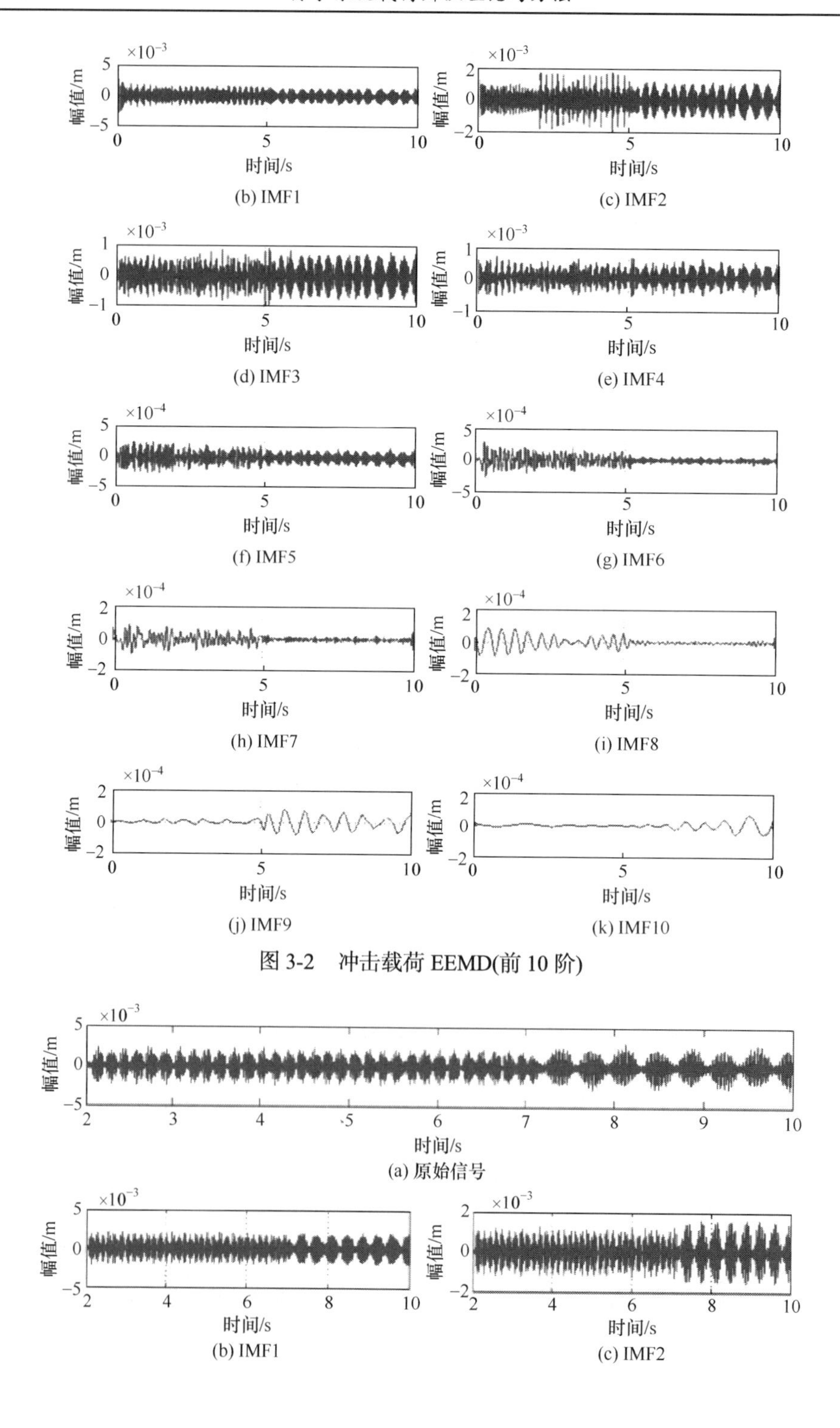

图 3-2　冲击载荷 EEMD(前 10 阶)

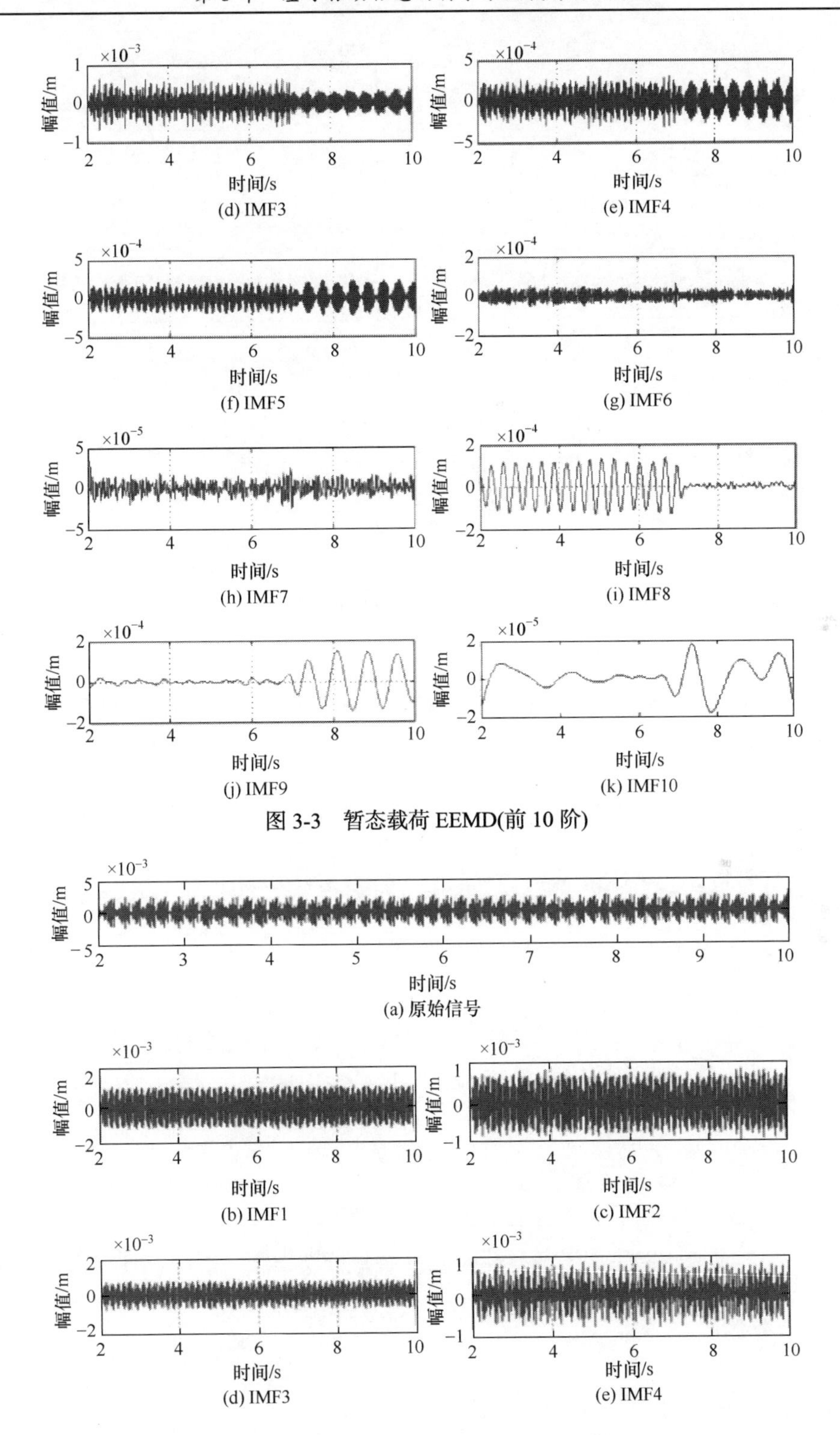

图 3-3　暂态载荷 EEMD(前 10 阶)

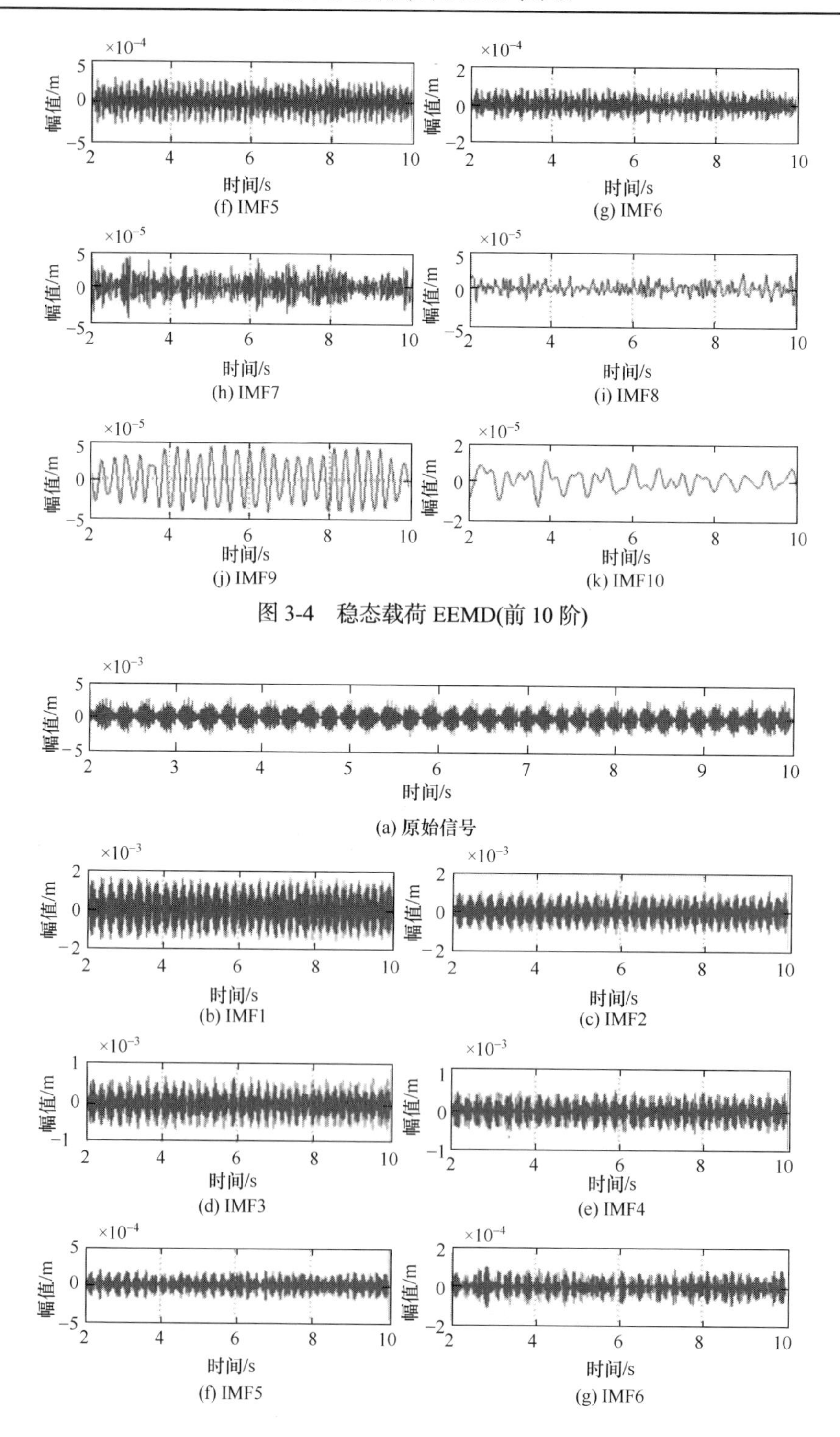

图 3-4　稳态载荷 EEMD(前 10 阶)

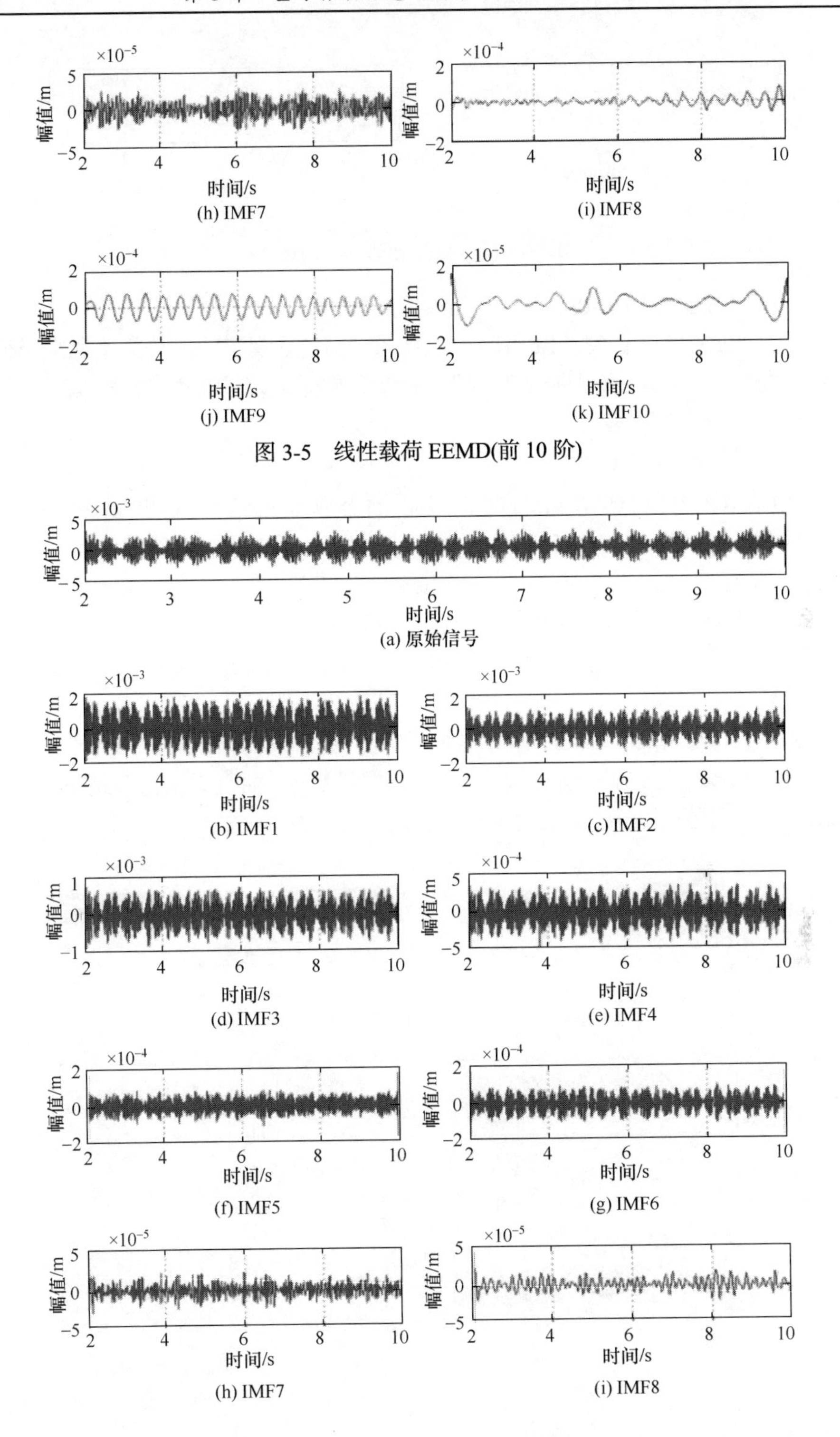

图 3-5 线性载荷 EEMD(前 10 阶)

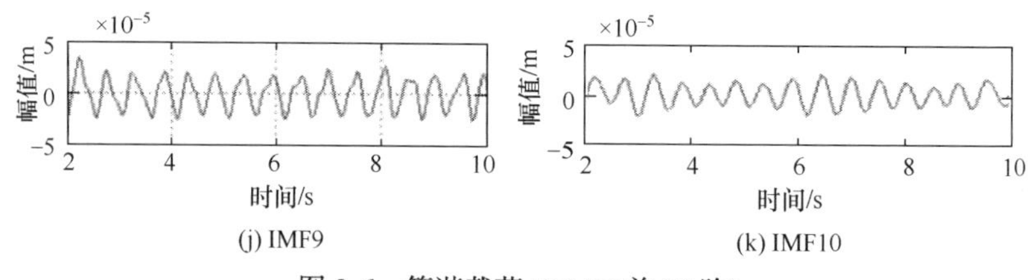

(j) IMF9　(k) IMF10

图 3-6　简谐载荷 EEMD(前 10 阶)

此处列出信号的 10 阶 IMF。

从分解过程可以看到，EEMD 后，10 个 IMF 呈现出的成分频率逐次降低，也就是说第一个 IMF 的频率最高，越往后频率越低，并且对于各初始信号，具有与之相应的 IMF 形态表现。

2) 基于低速转子系统

本节选取幅值为 1600N · m 的冲击载荷、暂态载荷、稳态载荷，以及$(t+1600)$N · m 的线性载荷和$(100\sin 4\pi t+1550)$N · m 的简谐载荷进行研究。这些载荷均具有对应的振动响应信息，这里针对 x 方向上的振动实测信号进行研究。在低速转子系统中，通过 EEMD 处理后，获得的固有模态分量为 13 阶。

图 3-7～图 3-11 为这五类载荷预处理后的效果，此处仅展示了固有模态分量的前 6 阶。

由此可知，EEMD 方法能够实现非平稳信息的依次降频分解，分解为单调的分量后停止分解，但是被分解生成的 IMF 数据量较大，而且无法直观地进行分析，因此为了进行数据分析，需要对 IMF 进行能量提取。

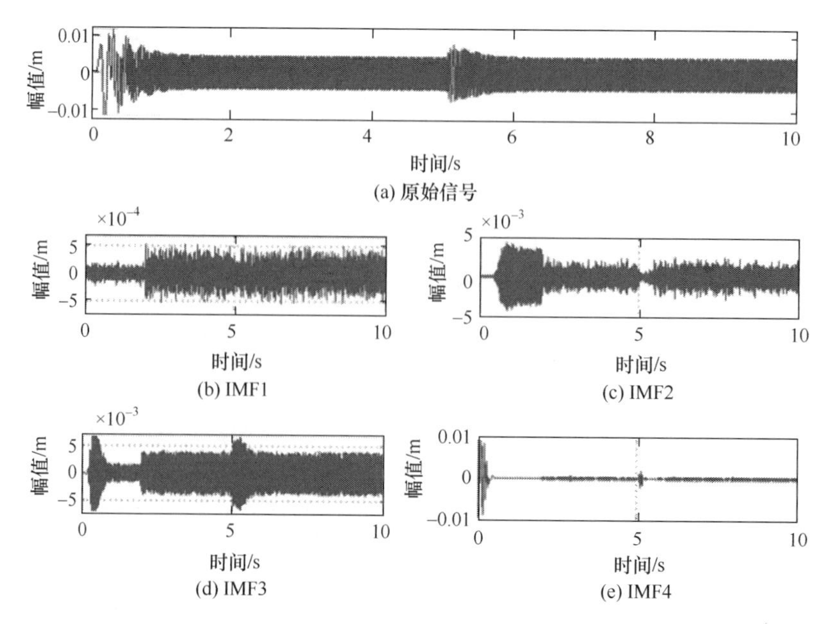

(a) 原始信号
(b) IMF1　(c) IMF2
(d) IMF3　(e) IMF4

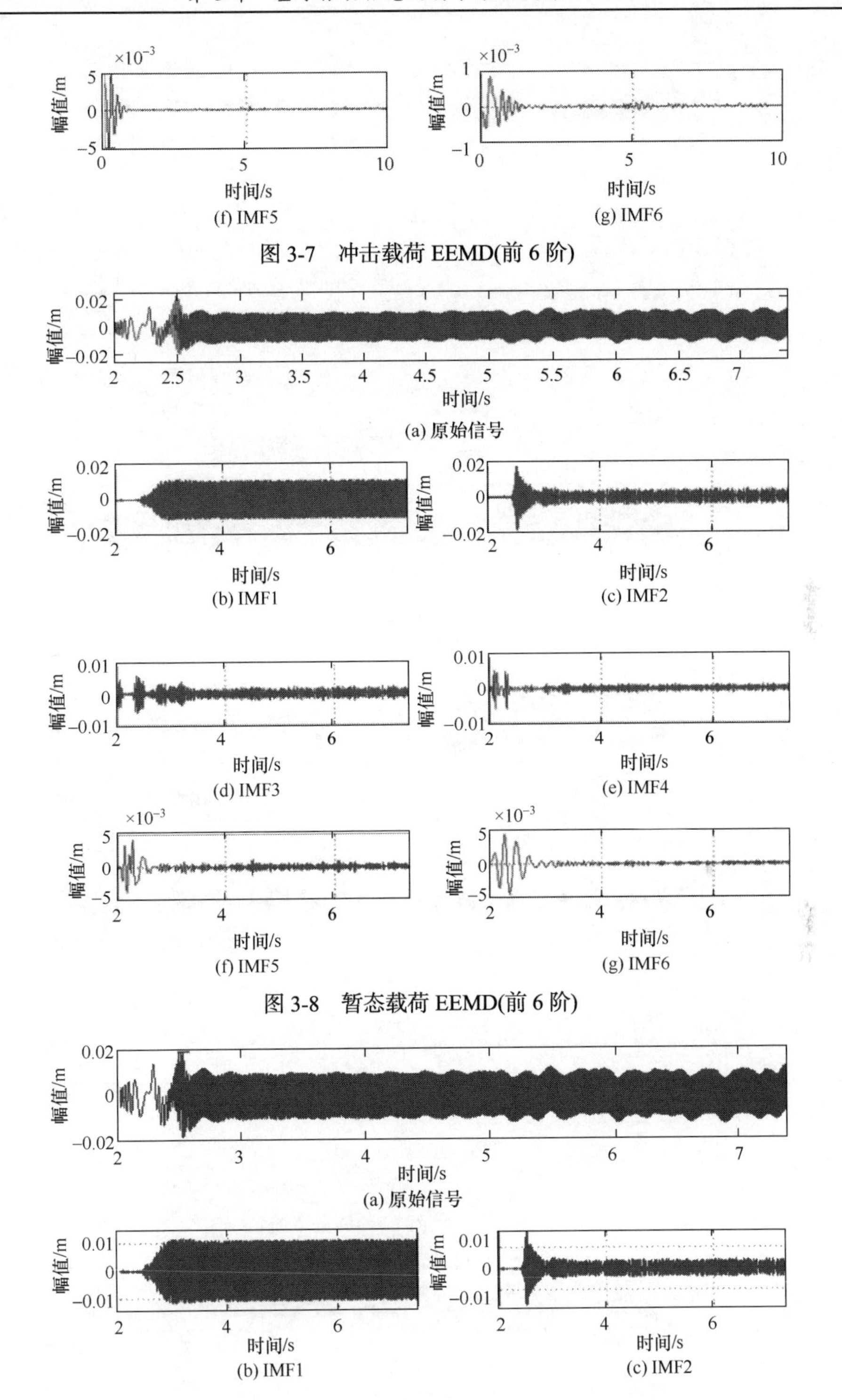
×10⁻³
幅值/m
时间/s
(f) IMF5
(g) IMF6
图3-7　冲击载荷EEMD(前6阶)
(a) 原始信号
(b) IMF1
(c) IMF2
(d) IMF3
(e) IMF4
图3-8　暂态载荷EEMD(前6阶)

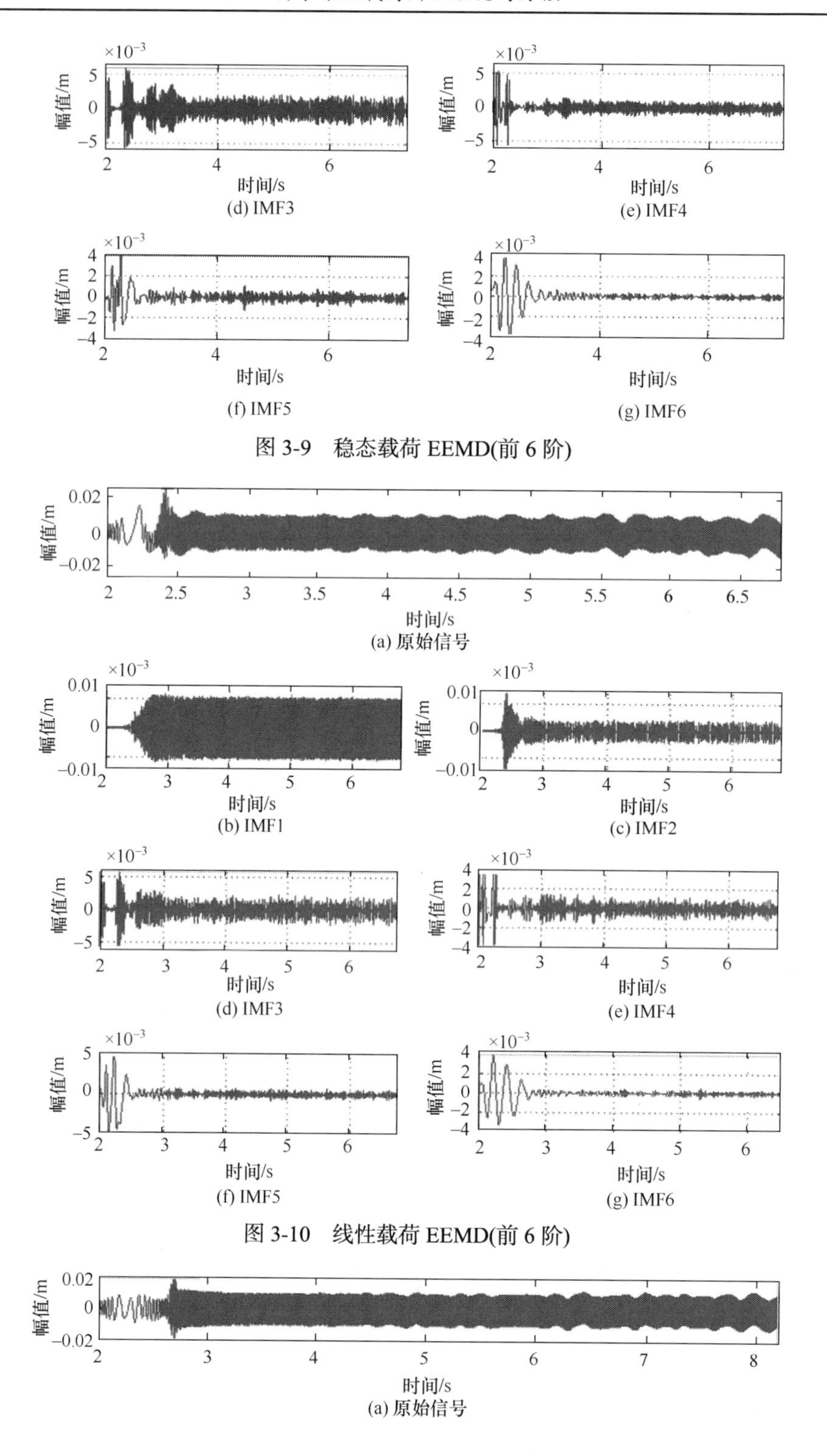

图 3-9　稳态载荷 EEMD(前 6 阶)

图 3-10　线性载荷 EEMD(前 6 阶)

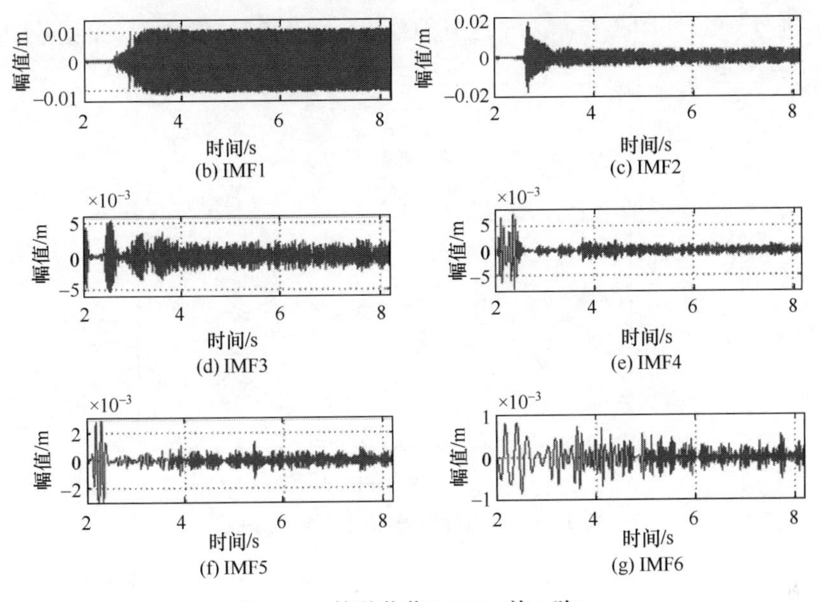

图 3-11　简谐载荷 EEMD(前 6 阶)

3.2.2　IMF 振动信息的能量特征提取

1. 特征提取原理

对每次加入白噪声后的信号进行 EEMD 处理，得到相应的本征模态分量。信号在 EEMD 前后的能量总值保持不变。同时可以不考虑分解出的残余量，则分解后的不同 IMF 能够体现出不同的能量，进而反映出转子系统的各类加载激励。具体运算过程如下。

(1) EEMD 信息处理之后，获得 I 个 IMF 分量；

(2) 求各 IMF_i 的能量值 E_i，这里的 IMF_i 对应式(3-7)中的 $\overline{c}_i(t)$。

$$E_i = \int_{-\infty}^{+\infty} \left|\mathrm{IMF}_i\right|^2 \mathrm{d}t, \qquad i=1,2,\cdots,I \tag{3-10}$$

(3) 以能量为元素构造一个特征向量 E：

$$E = \left[E_1, E_2, \cdots, E_I\right] \tag{3-11}$$

各个能量占总能量的比值 T_i 为

$$T_i = \frac{E_i}{\sum_{i=1}^{I} E_i} \tag{3-12}$$

2. 提取信号特征

在中速转子系统中，继续以 3.2.1 节中的五类参数载荷为例，对其相应的振动响应信息进行预处理。图 3-12 展示了这五种载荷分别获得对应能量谱的能量分布集合。

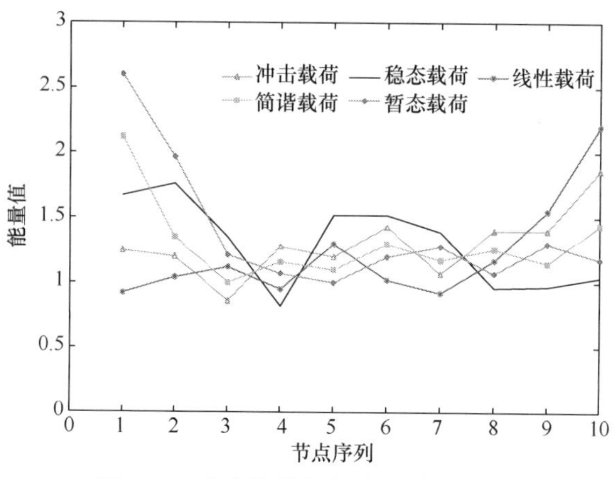

图 3-12 节点能量分布(中速转子系统)

在低速转子系统中，继续以 3.2.1 节中的五类参数载荷为例，对其相应的振动响应信息进行预处理。图 3-13 展示了这五种载荷分别获得对应能量谱的能量分布集合。

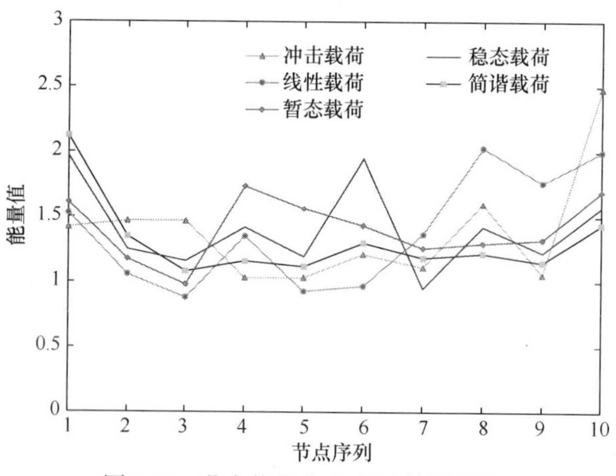

图 3-13 节点能量分布(低速转子系统)

由图 3-12 和图 3-13 可知，这五类作用载荷对应的能量图是形态各异、互不相同的。同时，在每一种载荷的图谱中，10 阶本征模态函数的能量值起伏变化也各异。所以，通过进行前述预处理，最终可提取出不同载荷的特征量；并使初始的复杂信息有效收缩，进而提高运算效率。

3.3 载荷定性辨识方法

转子系统载荷类别辨识方法流程图如图 3-14 所示。图 3-14 中，左列框图从上到下为该辨识方法的五个步骤：导入载荷振动信号、振动信号综合预处理、振动信号能量特征提取、转子系统载荷类别辨识和辨识结果输出。

右侧框图中，上面的文本框表示振动信号预处理的过程分解，即 EEMD 部分；下面两个文本框表示在前述信号预处理的基础上进行特征能量提取，并采用 BP 神经网络分类筛选方法进行转子系统载荷类别的辨识。

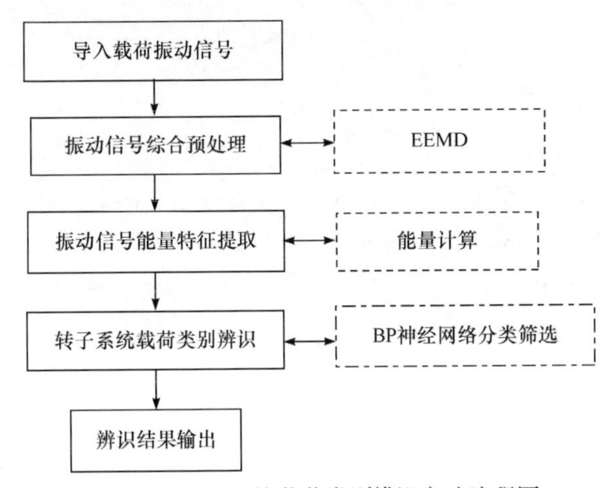

图 3-14　转子系统载荷类别辨识方法流程图

本节提出基于 EEMD、能量特征提取和 BPNN 分类筛选的转子系统载荷类别辨识方法，所获得的辨识效果优良。同时，通过 BP 神经网络的合理构建，实现了较高的辨识精度和较好的鲁棒性。

3.3.1　BPNN 分类筛选方法

BPNN 的原理主要是基于前向信息传播和反向误差传递。具体过程是通过输入和期望输出的学习，经过网络各层间的信息传递后，给出相应的输出结果。接着评估真值与输出结果的误差，若不满足需要，则网络将该误差逆向传递回去。

为减小误差以符合要求，在误差回传过程中网络会不断地修正其阈值与权值[172]。换言之，其核心就是各神经元的权值和阈值分担了回传来的误差，并不断进行自身的取值调整[132]。

1. 网络结构

BP 神经网络模型拓扑结构如图 3-15 所示。其中，$x_1, x_2, \cdots, x_m$ 为输入值，$y_1, y_2, \cdots, y_n$ 为输出值，w_{ij} 和 w_{jk} 是各层神经元之间的连接权值。

图 3-15 中的三列纵向圆圈依次表示输入层(input layer, IL)、隐含层(hidden layer, HL)和输出层(output layer, OL)。

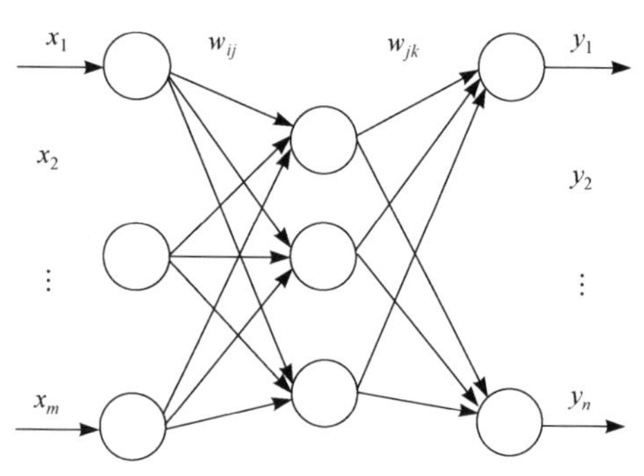

图 3-15　BP 神经网络模型拓扑结构

其中，网络的输入层节点数(number of input layer nodes, NILN)用 m 表示；隐含层节点数(number of hidden layer nodes, NHLN)用 l 表示；同样地，输出层节点数(number of output layer nodes, NOLN)用 n 表示。因此，有

$$l=\sqrt{m+n}+a \tag{3-13}$$

式中，$a\in[1,10]$。

2. 样本生成

原始信号经过信号处理与特征提取后分成两部分，一部分是待辨识的目标样本数据，另一部分则提供给模型进行训练使用。样本数据作为网络的输入，采集转子系统各载荷激励下的相应振动信号。将振动信号经 EEMD 与能量特征提取作为神经网络的输入。

3. 网络训练

1) 样本的正向传播过程

样本的正向传播过程即由输入计算输出的过程。传播的正方向是，先从输入层传播到隐含层，再继续传播至输出层，而且下一层神经元仅受到来自上一层的神经元的传递影响。

隐含层输出：

$$H_j=f\left(\sum_{i=1}^{n}w_{ij}x_i-a_j\right),\quad j=1,2,\cdots,l \tag{3-14}$$

式中，f 为隐含层激励函数，该函数有多种表达形式。

输出层输出：

$$O_k=\sum_{j=1}^{l}H_j w_{jk}-b_k,\quad k=1,2,\cdots,m \tag{3-15}$$

2) 误差的逆向传播过程

误差的逆向传播过程即利用误差修改权值和阈值的过程。当输出层得不到期望的结果时，转向误差将逆向传播，不断调整权值和阈值，使输出误差极小化，在满足允许条件时结束流程[173]。

更新网络连接权值 w_{ij}、w_{jk}：

$$w_{ij} = w_{ij} + \eta H_j \left(1 - H_j\right) x(i) \sum_{k=1}^{m} w_{jk} \left(Y_k - O_k\right), \quad i = 1,2,\cdots,n; j = 1,2,\cdots,l \tag{3-16}$$

$$w_{jk} = w_{jk} + \eta H_j \left(Y_k - O_k\right), \quad j = 1,2,\cdots,l; k = 1,2,\cdots,m \tag{3-17}$$

式中，η 为学习率。

更新网络节点阈值 a_j、b_k：

$$a_j = a_j + \eta H_j \left(1 - H_j\right) \sum_{k=1}^{m} w_{jk} \left(Y_k - O_k\right), \quad j = 1,2,\cdots,l \tag{3-18}$$

$$b_k = b_k + \left(Y_k - O_k\right), \quad k = 1,2,\cdots,m \tag{3-19}$$

4. 网络分类

训练后的 BP 神经网络具备了一定的学习能力，通过网络可以对测试信息进行分类，进而辨识出不同类型的载荷。

表 3-1 是将需要辨识的五种工况激励进行顺序编码的结果。每类载荷都用唯一的数字“0”和“1”编码表示。编码的“1”对应标识此刻的载荷类型。这样，可以通过这些编号表达网络的载荷分类输出。

表 3-1　五类载荷工况编码

载荷类型	冲击载荷	稳态载荷	线性载荷	简谐载荷	暂态载荷
分类	1	2	3	4	5
期望输出	[1 0 0 0 0]	[0 1 0 0 0]	[0 0 1 0 0]	[0 0 0 1 0]	[0 0 0 0 1]

5. 结果评价

根据网络分类结果的准确率，评价网络模式辨识的最终效果。准确率越高，说明网络的分类能力越强；反之，则说明越弱。这里将辨识的类型结果与载荷的真实类型进行比较，评价载荷类型辨识的效果。

因此，设计适合的 BP 神经网络，通过对网络进行训练，可实现低速转子系统的载荷定性辨识。这里建立的 EEMD 和 BP 神经网络结合的算法流程如图 3-16 所示。

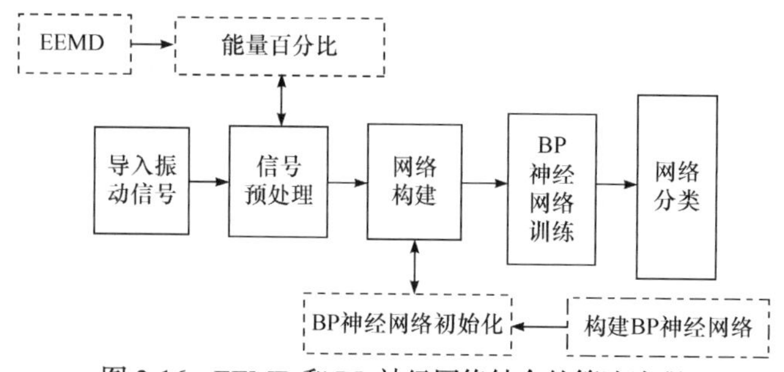

图 3-16　EEMD 和 BP 神经网络结合的算法流程

3.3.2　载荷辨识结果

载荷定型辨识即通过研究转子系统受载时的振动信息，辨识系统所受不同载荷的类型。

对于中速转子试验台，针对随机选取试验中三个不同参数的五种载荷类型进行辨识，分别是：40N·m、60N·m、80N·m 冲击载荷；40N·m、60N·m、80N·m 稳态载荷；40N·m、60N·m、80N·m 暂态载荷；$(0.1t+40)$N·m、$(0.2t+40)$N·m、$(t+40)$N·m 线性载荷；$(\sin 10\pi t+40)$N·m、$(20\sin 4\pi t+60)$N·m、$(10\sin 4\pi t+40)$N·m 简谐载荷。对于低速转子试验台，针对随机选取的五类载荷开展辨识，分别是：1600N·m 的冲击载荷、稳态载荷、暂态载荷；$(t+1600)$N·m 线性载荷；$(100\sin 4\pi t+1550)$N·m 简谐载荷。

1. 中速转子系统载荷辨识

本节采用三层 BP 神经网络结构，即输入层、输出层和隐含层[174]。基于前面 EEMD 处理，设置 BPNN 的 NILN 为 10。待辨识载荷为冲击载荷、稳态载荷、线性载荷、简谐载荷、暂态载荷五种类型，因此 NOLN 为 5。

训练过程中有时会出现神经网络的过拟合，即神经网络对训练集的辨识误差非常小，但对测试集的辨识误差非常大。因此，可以主要从以下几点考虑，进而保证方法的鲁棒性[131]。

1) 设置隐含层节点数

若隐含层节点数太少，网络不能很好地学习，不能辨识以前没有看到过的样本，容错性较差，训练误差较大。若节点数太多，训练时间增加，甚至会过拟合。因此，隐含层节点数会影响网络测试精度和系统鲁棒性，需要通过对比隐含层节点数对模型性能的影响，从而进行选择。

表 3-2 给出了载荷辨识的 BP 神经网络的隐含层节点数对结果的影响。根据式(3-13)求得隐含层节点数的初步范围为 5～14。表 3-2 中，NHLN 最终取为 12，因为相对于其他节点数，只有 NHLN 为 12 时，误差小且 BPNN 训练快，也表明

此时网络性能较好。

表 3-2　BP 神经网络训练误差与训练次数(隐含层不同节点数)

NHLN	训练次数	误差	NHLN	训练次数	误差
5	990	9.996×10^{-9}	10	156	1.297×10^{-11}
6	972	9.961×10^{-9}	11	72	2.511×10^{-10}
7	508	7.705×10^{-9}	12	77	4.463×10^{-12}
8	290	9.962×10^{-9}	13	90	2.526×10^{-9}
9	292	9.571×10^{-9}	14	86	8.881×10^{-10}

2) 选择节点传递函数

节点传递函数的选择会影响网络测试精度。这里，选择隐含层节点传递函数为 logsig，因为其可使网络在训练阶段容易收敛；选择输出层节点传递函数为 purelin，它对输出值的大小没有限制。同时，在网络其他条件相同的情况下，这两个函数的组合往往可产生较高的网络预测精度。

3) 选择训练函数

不同的训练函数会影响网络的性能。为了能够提早停止以确保网络鲁棒性，选择 trainscg 算法训练网络。特别是当网络期望误差较小时，该算法仍较可靠。

网络训练次数为 5000，误差为1×10^{-3}，网络的阈值与权值通过误差进行调整。惯性系数取为 0.2，学习率取为 0.01。转子系统加载试验测得对应的振动信号，通过 EEMD、能量特征提取后得到训练样本数据。表 3-3 列出了部分 BP 神经网络训练样本数据(对应五类载荷)。

表 3-3　训练样本数据(BPNN)

载荷类型	T_1	T_2	T_3	T_4	T_5	T_6	T_7	T_8	T_9	T_{10}
冲击	0.0965	0.0927	0.0664	0.0988	0.0927	0.1104	0.0826	0.1082	0.1081	0.1436
稳态	0.1285	0.1354	0.1038	0.0631	0.1170	0.1169	0.1069	0.0738	0.0746	0.0800
线性	0.0755	0.0853	0.0919	0.0779	0.1066	0.0837	0.0755	0.096	0.1271	0.1805
简谐	0.1624	0.1034	0.0766	0.0889	0.0843	0.0996	0.0900	0.0965	0.0881	0.1102
暂态	0.1874	0.1415	0.0875	0.0771	0.0721	0.0865	0.0922	0.0771	0.0937	0.0849

网络经过训练之后，可以进行分类辨识。将试验测得的五类待辨识载荷所对应的振动信号，通过 EEMD、能量特征提取后得到测试样本数据。表 3-4 列出了其中三组测试样本数据。测试样本与训练样本不重合，将数据输入 BPNN，经网络分类筛选后，输出待识别的载荷类型。

表 3-4 测试样本数据(BPNN)

序号	T_1	T_2	T_3	T_4	T_5	T_6	T_7	T_8	T_9	T_{10}
第一组	0.1336	0.1044	0.0903	0.1100	0.0965	0.1150	0.0954	0.0878	0.0788	0.0882
第二组	0.792	0.0785	0.0164	0.0032	0.0050	0.0048	0.0111	0.0190	0.0382	0.0318
第三组	0.0924	0.0970	0.1131	0.0863	0.1096	0.0999	0.0917	0.1066	0.0897	0.1137

经过 BP 神经网络分类器处理后的辨识效果如图 3-17 所示，图中给出了 150 个测试样本数据的辨识与实际的对比情况。

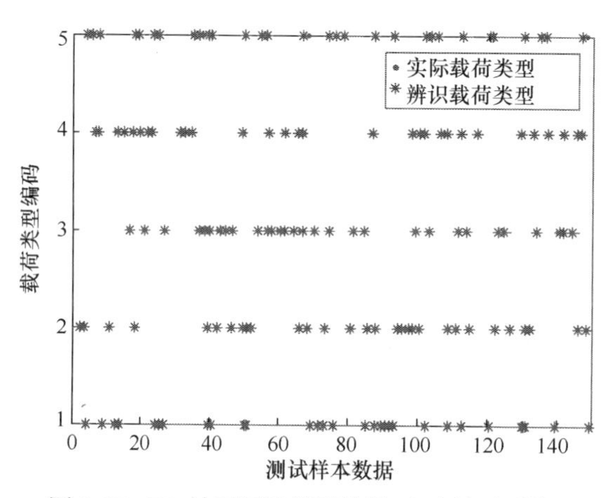

图 3-17 BP 神经网络辨识效果(中速转子系统)

图 3-17 中，横坐标表示测试样本数据，纵坐标表示待辨识载荷的五种类型编码 1～5，图例标签中的“圆点”表示样本实际的载荷类型，“星号”表示样本辨识的载荷类型。由图可以直观地看到，在各类载荷工况下，“圆点”与“星号”均较好吻合，表明辨识的数据能够实现与对应试验数据的基本一致。

对辨识数据进行验证，对比试验加载的原始载荷，得到五类试验载荷(冲击载荷、稳态载荷、线性载荷、简谐载荷、暂态载荷)的总辨识率为 94.5%，实现了载荷的有效辨识，说明 BPNN 算法能够对转子系统各类载荷进行较好的分类辨识。因此，通过各项参数的合理设置，仅对非训练样本的试验数据进行分类辨识，最终测试样本获得了较高的辨识精度，说明该算法可行、鲁棒性较好。

2. 低速转子系统载荷辨识

通过 EEMD、能量特征提取后得到全部的研究用试验样本数据。随机选取三个不同参数的五类载荷激励作为待辨识对象，则待辨识载荷对应的振动信号作为测试样本，其余振动信号数据作为训练样本，用来辨识五种不同类型的扭矩激励作为输出。

表 3-5 列出了部分训练样本数据。表 3-6 列出了其中三组测试样本数据。

表 3-5　训练样本数据(BPNN)(低速转子系统)

载荷类型	T_1	T_2	T_3	T_4	T_5	T_6	T_7	T_8	T_9	T_{10}
冲击	0.1023	0.1057	0.1056	0.0744	0.0744	0.0873	0.0802	0.1152	0.0761	0.1788
稳态	0.1393	0.0885	0.0822	0.1006	0.0847	0.1382	0.0673	0.1009	0.0868	0.1115
线性	0.1102	0.0763	0.0634	0.0974	0.0670	0.0699	0.0985	0.1462	0.1271	0.1440
简谐	0.1615	0.1029	0.0824	0.0884	0.0853	0.0991	0.0903	0.0928	0.0876	0.1097
暂态	0.1146	0.0835	0.0696	0.1234	0.1111	0.1018	0.0895	0.0921	0.0941	0.1203

表 3-6　测试样本数据(BPNN)(低速转子系统)

序号	T_1	T_2	T_3	T_4	T_5	T_6	T_7	T_8	T_9	T_{10}
第一组	0.0313	0.0536	0.0535	0.1685	0.2233	0.2616	0.1324	0.0272	0.0097	0.0388
第二组	0.0156	0.0041	0.0035	0.0051	0.0266	0.0211	0.1613	0.3205	0.3518	0.0905
第三组	0.1484	0.003	0.0011	0.0072	0.0670	0.7096	0.0339	0.0108	0.0057	0.0133

设置 BPNN 的 NILN 为 10。待辨识载荷为冲击载荷、稳态载荷、线性载荷、简谐载荷、暂态载荷五种类型，因此 NOLN 为 5。网络训练次数为 5000，误差为1×10^{-3}，网络的阈值与权值通过误差进行调整。惯性系数取为0.2，学习率取为0.01。

经过 BP 神经网络分类器处理后的辨识效果如图 3-18 所示。图 3-18 中，横坐

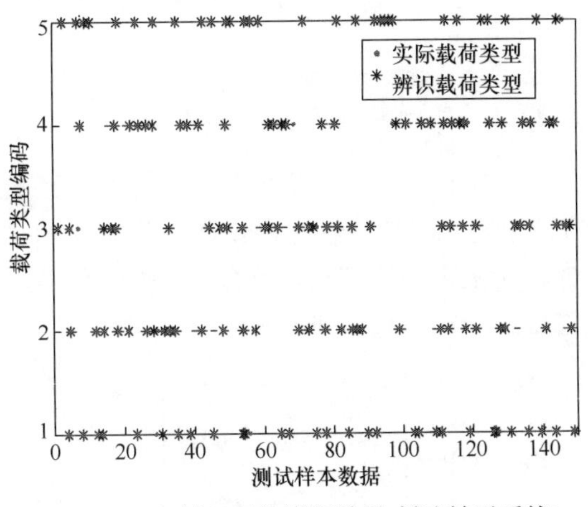

图 3-18　BP 神经网络辨识效果(低速转子系统)

标表示测试样本数据，纵坐标表示五类载荷的类型编码 1～5，分别对应冲击载荷、稳态载荷、线性载荷、简谐载荷、暂态载荷，图例标签中的“圆点”表示实际的载荷类型，“星号”表示辨识的载荷类型。由图可以直观地看到在各类载荷工况下，“圆点”与“星号”均较好吻合，表明辨识数据能够实现与对应实际数据的基本一致。

对辨识数据进行验证，对比试验加载的原始载荷，得到五类试验载荷(冲击载荷、稳态载荷、线性载荷、简谐载荷、暂态载荷)的正确辨识率为 92.4%，实现了较好的载荷定性辨识效果。

3.4　载荷定量辨识方法

3.4.1　ELM 回归拟合方法

1. 网络结构

典型的 ELM 结构有三个层次。如图 3-19 所示，三列纵向方框依次表示网络的三个拓扑层次，即输入层、隐含层和输出层。相邻层级之间的神经元彼此均充分关联[175]。

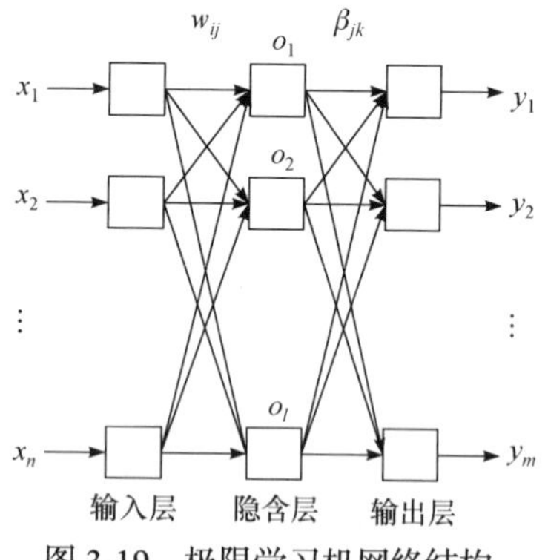

图 3-19　极限学习机网络结构

在 ELM 的三层拓扑结构中，每一层均具有各自的神经元。设网络输入变量的数目为 n，则相应位于输入层的神经元总数也与之相同。同理，用 m 表示神经元位于输出层的总数；用 l 表示神经元位于隐含层中的数目。准确起见，通过 w 权值表示输入层与隐含层间的关系，即

$$w=\begin{bmatrix} w_{11} & w_{12} & \cdots & w_{1n} \\ w_{21} & w_{22} & \cdots & w_{2n} \\ \vdots & \vdots & & \vdots \\ w_{l1} & w_{l2} & \cdots & w_{ln} \end{bmatrix}_{l\times n} \tag{3-20}$$

将输入层第 i 个神经元和隐含层第 j 个神经元之间的连接权值表示为 w_{ji}。通过β权值表示隐含层与输出层间的关系，即

$$\beta=\begin{bmatrix}\beta_{11} & \beta_{12} & \cdots & \beta_{1m}\\ \beta_{21} & \beta_{22} & \cdots & \beta_{2m}\\ \vdots & \vdots & & \vdots\\ \beta_{l1} & \beta_{l2} & \cdots & \beta_{lm}\end{bmatrix}_{l\times m} \tag{3-21}$$

其中，用符号 β_{jk} 表示连接权值，用于联系输出层神经元(第 k 个)与隐含层神经元(第 j 个)。

神经元位于隐含层的阈值 b 为

$$b=\begin{bmatrix}b_1\\ b_2\\ \vdots\\ b_l\end{bmatrix}_{l\times 1} \tag{3-22}$$

输入输出都为 Q 个样本训练集的矩阵 X 和矩阵 Y 设为

$$X=\begin{bmatrix}x_{11} & x_{12} & \cdots & x_{1Q}\\ x_{21} & x_{22} & \cdots & x_{2Q}\\ \vdots & \vdots & & \vdots\\ x_{n1} & x_{n2} & \cdots & x_{nQ}\end{bmatrix}_{n\times Q},\quad Y=\begin{bmatrix}y_{11} & y_{12} & \cdots & y_{1Q}\\ y_{21} & y_{22} & \cdots & y_{2Q}\\ \vdots & \vdots & & \vdots\\ y_{m1} & y_{m2} & \cdots & y_{mQ}\end{bmatrix}_{m\times Q} \tag{3-23}$$

设 $g(x)$为神经元位于隐含层上的激活函数，根据图 3-19，得出网络的输出 T 为

$$T=\left[t_1,t_2,\cdots,t_Q\right]_{m\times Q},\quad t_j=\begin{bmatrix}t_{1j}\\ t_{2j}\\ \vdots\\ t_{mj}\end{bmatrix}_{m\times 1}=\begin{bmatrix}\sum_{i=1}^{l}\beta_{i1}g\left(w_ix_j+b_i\right)\\ \sum_{i=1}^{l}\beta_{i2}g\left(w_ix_j+b_i\right)\\ \vdots\\ \sum_{i=1}^{l}\beta_{im}g\left(w_ix_j+b_i\right)\end{bmatrix}_{m\times 1},\quad j=1,2,\cdots,Q \tag{3-24}$$

式中，$w_i=\left[w_{i1},w_{i2},\cdots,w_{in}\right]$；$x_j=\left[x_{1j},x_{2j},\cdots,x_{nj}\right]^{\mathrm{T}}$。

式(3-24)可以表示为

$$H\beta=T' \tag{3-25}$$

式中，T' 为矩阵 T 的转置；H 为神经网络在隐含层的输出矩阵，具体形式为

$$H\left(w_1,w_2,\cdots,w_l,b_1,b_2,\cdots,b_l,x_1,x_2,\cdots,x_Q\right)=\begin{bmatrix} g\left(w_1x_1+b_1\right) g\left(w_2x_1+b_2\right) g\left(w_lx_1+b_l\right) \\ g\left(w_1x_2+b_1\right) g\left(w_2x_2+b_2\right) g\left(w_lx_2+b_l\right) \\ \vdots \\ g\left(w_1x_Q+b_1\right) g\left(w_2x_Q+b_2\right) g\left(w_lx_Q+b_l\right) \end{bmatrix}_{Q\times l} \tag{3-26}$$

训练前任意生成b与w，并且在训练时保持二者不变。可以求解下面这些方程组的最小二乘解，获得隐含层和输出层之间的连接权值β，即

$$\min_{\beta}\left\|H\beta-T'\right\| \tag{3-27}$$

其解为

$$\widehat{\beta}=H^{+}T' \tag{3-28}$$

式中，H^{+}是输出矩阵H位于隐含层的 Moore-Penrose 广义逆。

2. 学习算法

对于随机生成的w和b，分别确定它们的隐含层神经元个数和激活函数，并计算出β。通过以下过程实现学习算法。

(1) 确定网络 NHLN；并设置其偏置项b；同时需设置连接权值w，用来表示输入层与隐含层之间的关系。其中，b与w均随机产生。

(2) 可通过一个无限可微的函数来表征隐含层神经元的激活函数，并计算出隐含层输出矩阵H。

(3) 计算输出层的权值。相关研究结果表明，ELM 中非线性、不可微及不连续函数都可作为激活函数。

3.4.2 载荷辨识结果

1. 中速转子系统载荷辨识结果

以中速转子系统稳态载荷的数据为样本，利用 elmtrain()函数创建、训练网络结构模型。通过振动信息回归拟合转子系统所受的载荷激励。

选取稳态载荷振动信号的最大位移幅值作为特征点值，采用 randperm()函数随机抽取训练集和测试集，部分载荷值与最大位移幅值如表 3-7 所示。设置模型隐含层节点数与训练样本数相同，ELM 激励函数 TF 类型为 sigmoid()函数，应用类型 TYPE 的取值设置为 0。由图 3-20 可知，在允许范围内该网络回归模型的回归误差较小，可以利用其进行载荷的定量辨识。

表 3-7　中速转子系统稳态载荷的最大位移-载荷值

载荷/(N · m)	最大位移/m	载荷/(N · m)	最大位移/m	载荷/(N · m)	最大位移/m
0	5.710×10^{-4}	45	1.269×10^{-3}	65	1.335×10^{-3}
20	1.050×10^{-3}	50	1.302×10^{-3}	70	1.361×10^{-3}
30	1.200×10^{-3}	55	1.310×10^{-3}	75	1.379×10^{-3}
35	1.242×10^{-3}	60	1.319×10^{-3}	80	1.430×10^{-3}

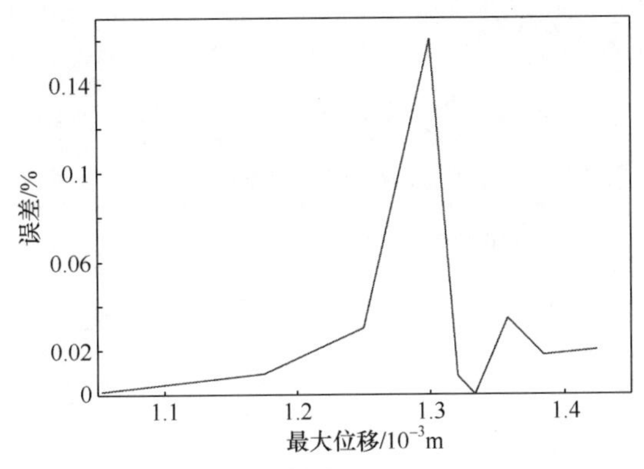

图 3-20　回归误差(中速转子系统)

此处待辨识载荷是选取的五类某参数试验载荷。通过特征位移信号回归拟合出对应的载荷量值。利用 elmpredict()函数对测试集进行回归预测。需要注意的是，对测试集进行仿真时，参数 TF 及 TYPE 需要与 elmtrain()函数中保持一致。

辨识冲击载荷，以 40N · m 量值为例。表 3-8 列出了冲击载荷的回归拟合数值。图 3-21 给出了冲击载荷辨识结果。横坐标为时间，纵坐标为载荷。

表 3-8　中速转子系统冲击载荷的位移-辨识载荷值

时间点/s	位移幅值/m	辨识载荷/(N·m)	时间点/s	位移幅值/m	辨识载荷/(N·m)
4.9677	4.3920×10^{-4}	2.0576	5.1563	0.0012	35.4580
4.9805	4.4542×10^{-4}	2.0579	5.2227	1.411×10^{-4}	2.0575
5.0039	0.0009	37.571	5.2335	1.6805×10^{-4}	2.0576

辨识 40N · m 的暂态载荷。表 3-9 给出了暂态载荷的回归拟合数值。图 3-22 给出了暂态载荷辨识结果。横坐标为时间，纵坐标为载荷。

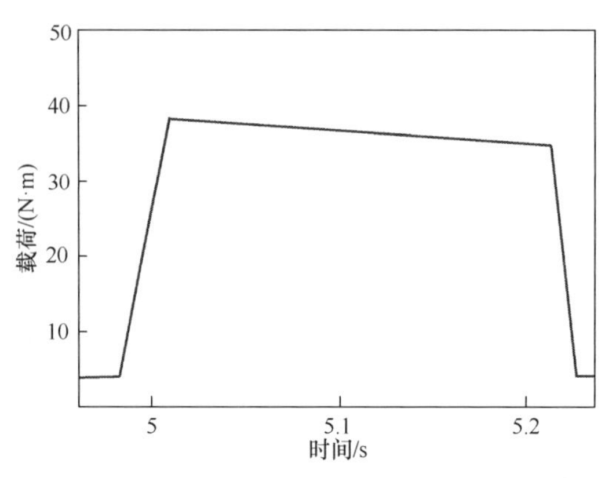

图 3-21　冲击载荷辨识结果(中速转子系统)

表 3-9　中速转子系统暂态载荷的位移-辨识载荷值

时间点/s	位移幅值/m	辨识载荷/(N·m)	时间点/s	位移幅值/m	辨识载荷/(N·m)
1.3264	2.2539×10^{-4}	0.0580	5.3268	0.0010	38.569
2.0001	7.5500×10^{-4}	1.1019	6.3279	0.0014	38.569
3.3072	0.0008	37.9324	7.0097	7.3349×10^{-4}	0.0330
4.3259	0.0014	37.9326	7.3210	3.3248×10^{-4}	0.0151

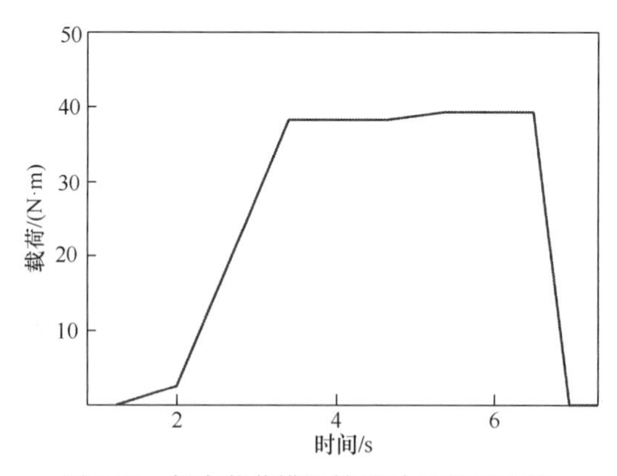

图 3-22　暂态载荷辨识结果(中速转子系统)

辨识 40N · m 的稳态载荷。表 3-10 给出了稳态载荷的回归拟合数值。图 3-23 给出了稳态载荷辨识结果，同时给出了实际载荷值作为对照。横坐标为时间，纵坐标为载荷。

表 3-10　中速转子系统稳态载荷的位移-辨识载荷值

时间点/s	位移幅值/m	辨识载荷/(N·m)	时间点/s	位移幅值/m	辨识载荷/(N·m)
4.009	1.181	39.71	6.002	1.183	39.53
4.487	1.180	40.58	6.488	1.184	40.74
5.009	1.182	38.62	6.971	1.184	38.92
5.514	1.185	39.79	7.972	1.183	39.81

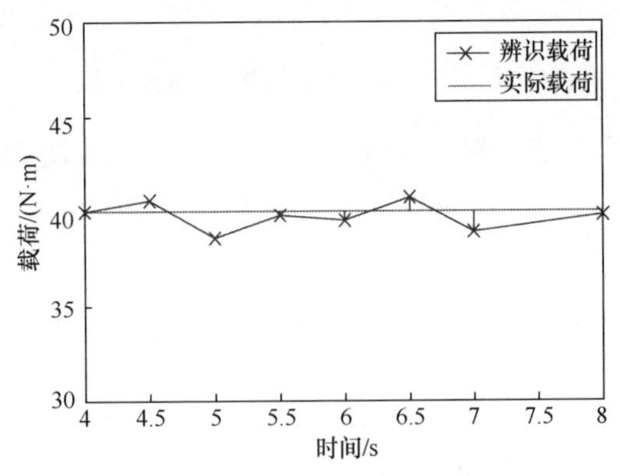

图 3-23　稳态载荷辨识结果(中速转子系统)

辨识$(t+30)$N · m 的线性载荷。表 3-11 给出了线性载荷的回归拟合数值。根据预测点连线还原出线性加载载荷，图 3-24 给出了线性载荷辨识结果。横坐标为时间，纵坐标为载荷。由此可以获得斜率为1.059，则回归的线性载荷可以表示为$(1.059t+29.88)\text{N}\cdot\text{m}$。

表 3-11　中速转子系统线性载荷的位移-辨识载荷值

时间点/s	位移幅值/m	辨识载荷/(N·m)	时间点/s	位移幅值/m	辨识载荷/(N·m)
2.010	1.175	29.92	7.488	1.179	35.31
3.489	1.178	30.93	8.481	1.181	36.40
5.017	1.177	32.59	9.153	1.182	37.07
6.005	1.180	33.92	9.990	1.183	38.46

$(t+30)$N · m 线性载荷的辨识误差都在允许范围之内，因此对线性载荷的辨识得到了较准确的结果。

辨识$(10\sin 4\pi t+40)$N · m 的简谐载荷。用 $a\cdot\sin 2\pi ft+b$ 表示简谐载荷随时间 t 的幅值变化。因此，只要依次求解出该式的 a、b 和 f，就可得到该载荷的表达式。训练样本取间隔 2.5 个周期的振动信息包络线最值 $a+b$ 和 $a-b$。表 3-12 给出了

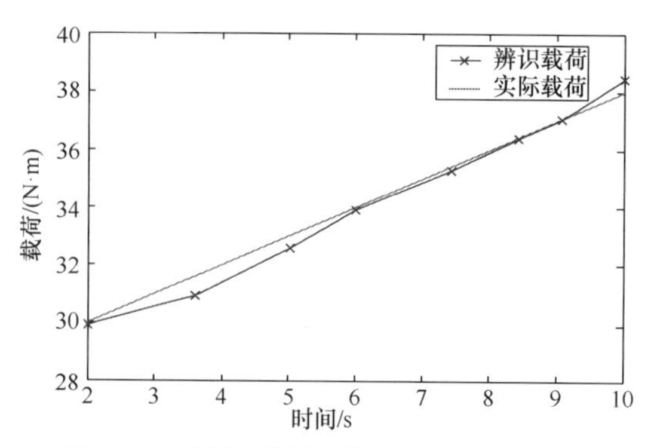

图 3-24　线性载荷辨识结果(中速转子系统)

简谐载荷的回归拟合数值。根据最值计算，推出 a 为 10.68，b 为 41.26，结合载荷最值的时刻确定 f 为 2.14，辨识的简谐载荷为(10.68sin4.28πt+41.26)N · m，辨识结果如图 3-25 所示。

表 3-12　中速转子系统简谐载荷的位移-辨识载荷值

时间点/s	特征点幅值/m	参数 a、b	频率/Hz	辨识载荷/(N · m)
4.352	1.17112×10^{-3}	a=10.68 b=41.26	2.14	10.68sin4.28πt+41.26
5.506	1.205×10^{-3}			

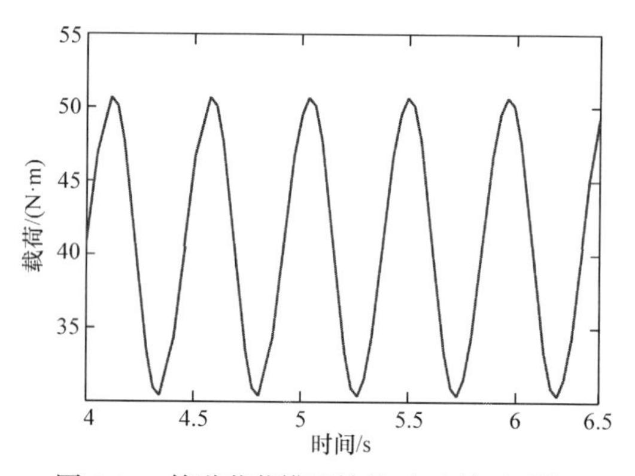

图 3-25　简谐载荷辨识结果(中速转子系统)

对于施加的简谐载荷(10sin4πt+40)N · m，辨识结果为(10.68sin4.28πt+41.26)N · m，幅值、偏移量和频率的辨识误差分别为 6.8%、7%、3.2%，均在允许范围内，所以实现简谐载荷的定量辨识。

2. 低速转子系统载荷辨识结果

以低速转子系统稳态载荷的数据为样本，利用 ELM 构建载荷与最大位移的网络模型。表 3-13 为低速转子系统稳态载荷的最大位移-载荷值。图 3-26 为回归误差图，由图可知回归误差较小，说明此时网络性能还是比较理想的，可用于后续载荷辨识。

表 3-13　低速转子系统稳态载荷的最大位移-载荷值

载荷 / (N·m)	最大位移 / m	载荷 / (N·m)	最大位移 / m	载荷 / (N·m)	最大位移 / m
0	0.0003	800	0.01705	1450	0.02880
300	0.0162	1000	0.02173	1550	0.03061
600	0.01536	1200	0.02638	1700	0.04252

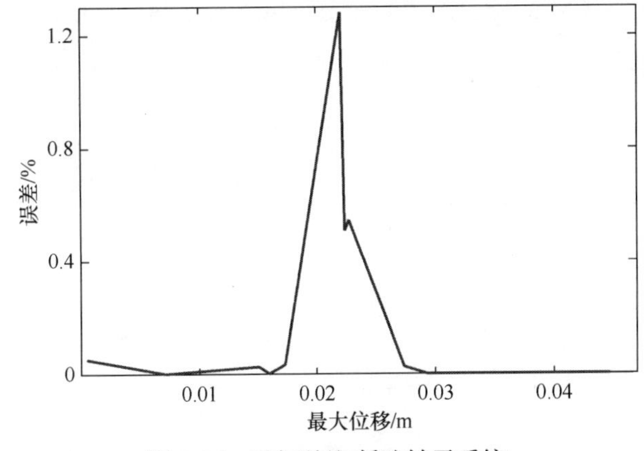

图 3-26　回归误差(低速转子系统)

此处，冲击载荷以辨识量值为 400N·m 为例。表 3-14 给出了冲击载荷的回归拟合数值。图 3-27 为冲击载荷辨识结果。横坐标为时间，纵坐标为载荷。

表 3-14　低速转子系统冲击载荷的位移-辨识载荷值

时间点/s	位移幅值/m	辨识载荷/(N·m)	时间点/s	位移幅值/m	辨识载荷/(N·m)
4.8531	3.2060×10^{-4}	1.0347	5.1870	0.0103	390.7570
4.9531	1.8629×10^{-4}	0.1033	5.2225	1.8040×10^{-4}	0.0510
5.1413	0.0078	380.1655	5.2495	4.1927×10^{-4}	2.1258

稳态载荷以辨识量值为 400N·m 为例。表 3-15 给出了稳态载荷的回归拟合数值。图 3-28 给出了稳态载荷辨识结果，并且给出了实际载荷值作为对照。横坐标为时间，纵坐标为载荷。最大误差为 7.875%，满足辨识需求。

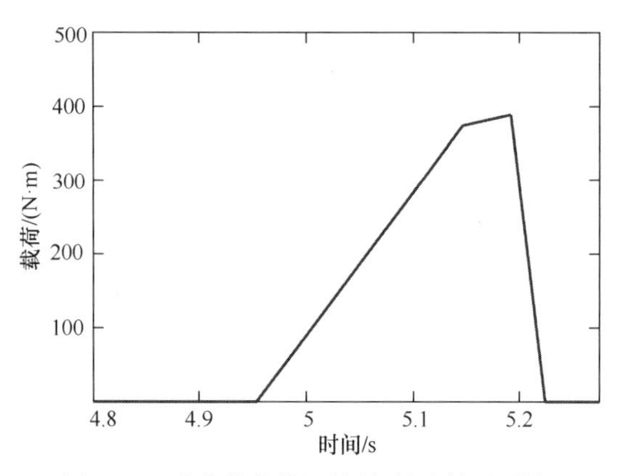

图 3-27　冲击载荷辨识结果(低速转子系统)

表 3-15　低速转子系统稳态载荷的位移-辨识载荷值

时间点/s	位移幅值/m	辨识载荷/(N·m)	时间点/s	位移幅值/m	辨识载荷/(N·m)
5.0013	0.0077	390.6128	6.5008	0.008	390.7537
5.5012	0.0078	427.3076	7.0440	0.0079	431.6532
6.0236	0.0079	404.75021	7.5192	0.0078	402.3791

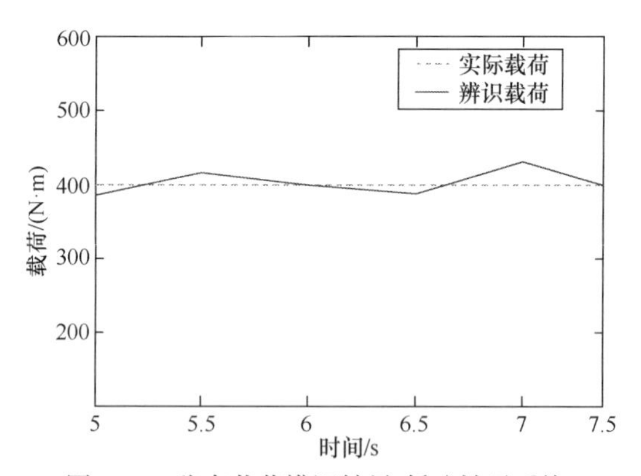

图 3-28　稳态载荷辨识结果(低速转子系统)

暂态载荷以辨识量值为 400N·m 为例。表 3-16 给出了暂态载荷的回归拟合数值。图 3-29 给出了暂态载荷辨识结果。横坐标为时间，纵坐标为载荷。

表 3-16　低速转子系统暂态载荷的位移-辨识载荷值

时间点/s	位移幅值/m	辨识载荷/(N·m)	时间点/s	位移幅值/m	辨识载荷/(N·m)
1.6196	3.4805×10^{-4}	0.2605	5.1046	0.0083	360.0151
1.9502	1.8449×10^{-4}	2.4123	6.2148	0.0080	380.6539
2.0874	0.0081	380.6538	7.1293	2.8355×10^{-4}	0.1264
3.4298	0.0082	390.7575	7.3756	1.5887×10^{-4}	1.6872

线性载荷以辨识量值为$(t+400)\mathrm{N}\cdot\mathrm{m}$为例。表 3-17 为线性载荷的回归拟合数值。图 3-30 给出了线性载荷辨识结果，即$(1.130t+393.9069)\mathrm{N}\cdot\mathrm{m}$。横坐标为时间，纵坐标为载荷。由此可知，回归斜率为1.132。

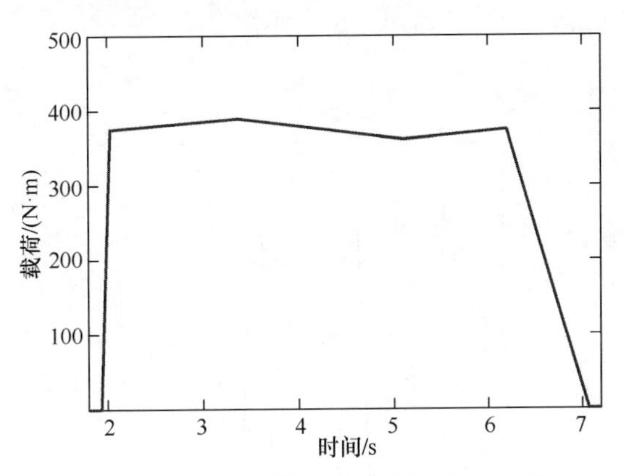

图 3-29　暂态载荷辨识结果(低速转子系统)

表 3-17　低速转子系统线性载荷的位移-辨识载荷值

时间点/s	位移幅值/m	辨识载荷/(N·m)	时间点/s	位移幅值/m	辨识载荷/(N·m)
4.0051	0.0081	392.9823	4.2486	0.0082	396.1278
4.1566	0.0085	394.9858	4.3710	0.0084	398.8614
4.1873	0.0084	394.9859	5.5963	0.0093	400.2480

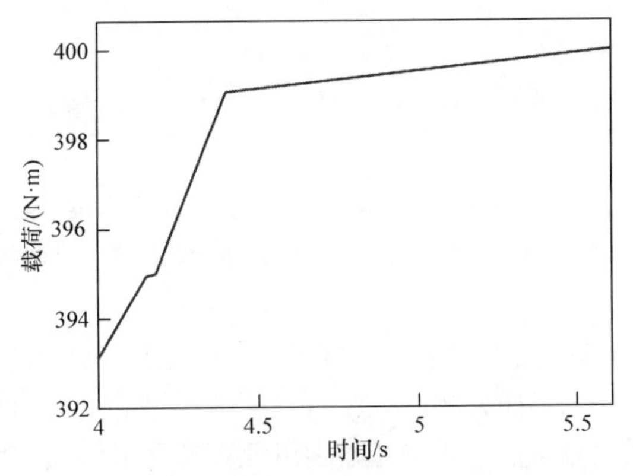

图 3-30　线性载荷辨识结果(低速转子系统)

这里，对于待辨识线性载荷(t+400)N · m，辨识结果显示在直线$y=kx+b$中，k与实际值的误差为13%，b与实际值的误差为1.52%。说明辨识效果较好，精度较高。

简谐载荷以辨识量值为$(\sin 20\pi t + 400)\mathrm{N \cdot m}$为例。$a \cdot \sin 2\pi ft + b$ 表示简谐载荷随时间 t 的幅值变化。通过落实参数 a、b 和 f，确定载荷的表达式。与前面相同，得到 a 为 1.004，b 为 393.9843，f 为 10.06Hz。因此，辨识得到的简谐载荷为$(1.004\sin 20.2\pi t+393.9843)\mathrm{N \cdot m}$，如图 3-31 所示。表 3-18 为简谐载荷的部分辨识值。

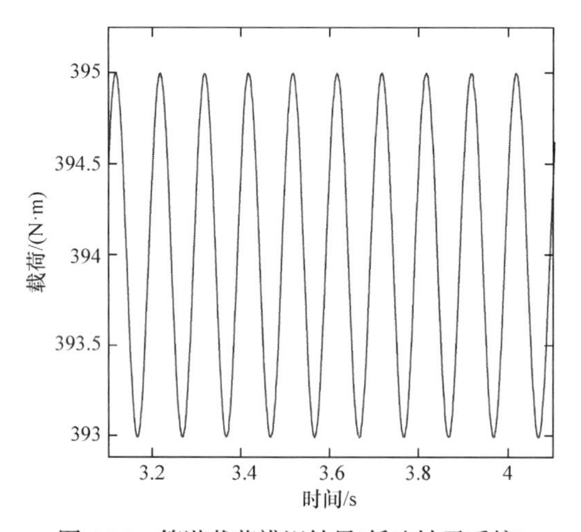

图 3-31　简谐载荷辨识结果(低速转子系统)

表 3-18　低速转子系统简谐载荷的位移-辨识载荷值

时间点/s	位移幅值/m	辨识载荷/(N·m)	时间点/s	位移幅值/m	辨识载荷/(N·m)
3.126	0.0081	392.9819	3.623	0.0082	395.0340
3.374	0.0082	394.9865	3.877	0.0078	393.0119

待辨识的简谐载荷为$(\sin 20\pi t+400)\mathrm{N \cdot m}$，其辨识结果为$(1.004\sin 20.2\pi t+393.9843)\mathrm{N \cdot m}$。幅值误差为 0.4%，偏移量误差为 1.5%，频率误差为 1%，均满足辨识误差要求。

可以看到，稳态载荷定量辨识中，辨识结果所呈现的回归载荷出现形态异化，与实际载荷存在出入。然而，相同试验台上其他类型载荷的辨识效果均较好，由此推断稳态载荷试验时，信号采样过程中可能存在明显误差，因此并不影响辨识方法的正常应用。

上述结果可以说明，对于两类转子系统试验台，转子系统载荷定性与定量的辨识研究的辨识精度较高，效果也较好。

3.5　小　　结

本章基于振动实测响应信息，进行转子系统激励载荷的定性与定量辨识方法研究，具体针对中速转子系统试验与低速转子系统试验分别展开相关研究。主要研究内容与结论如下。

(1) 针对五种不同类型的载荷激励，提出了通过 EEMD 进行转子系统振动信号分析的方法。将 EEMD 视作信息的预处理器，初始输入信号通过这个预处理器，能够变为表征不同频率的多个分信号，从而实现对原始信号的重构分解，便于进一步提取后续特征信号。

(2) 对得到的不同载荷作用下各 IMF 分量进行了能量特征提取，所呈现出的各类载荷能量变化各异，能够用于表征不同载荷特征。同时，能量特征提取后，使得原来的大量分析数据有效收缩，从而提高处理效率。

(3) 提出了基于 EEMD 能量化和 BPNN 分类筛选的转子系统载荷定性辨识方法，分别针对两类转子系统试验台，将前面处理得到的振动特征信息作为 BPNN 模型样本，利用训练样本训练模型后，即可将测试数据样本导入且进行载荷的分类辨识，结果显示辨识效果优良。

(4) 提出了 ELM 方法回归拟合转子系统的载荷激励，分别针对两类转子系统试验台进行载荷定量辨识，结果显示回归载荷辨识效果较好且在允许误差范围内。

第 4 章　基于电机电流信息的转子系统载荷辨识方法

4.1　引　　言

机械转子系统在运行时的载荷状态关系到其安全工作与故障预警。通过掌握载荷激励的变化规律，可以有针对性地监测与评估转子系统。然而，常规振动方法有时会遇到设备信息测试困难等现象，而电机定子电流法(无传感器监测)可以有效避免这一现象。

由于电机内部组成部件的工作状态会直接体现在其定子电流的改变上，所以 MCSA 方法源于评测与诊断电机内部组成部件的工作状态与可能故障。随着 MCSA 方法的应用与发展，研究人员将其扩展到对电机以外连带部件的故障评估与研究，如齿轮摩擦、机械损伤等。这里，将该方法与电机拖动的转子系统受载辨识相结合展开相关研究。

鉴于电磁作用的原理，当不同类型与参数的载荷施加给机械转子系统时，电机内部气隙磁场随之发生变化，并能够最终通过定子电流体现出来，因此，用电流就可以表征转子系统的受载状况。所以，载荷辨识的重要信息构成之一就是电机的定子电流信息。然而，电机电流信息也会受到现场工频成分的干扰而易于被淹没，在辨识载荷之前应先就实测的电流信息实行预处理操作。相关试验信号的来源与获取详见第 6 章。

本章提出基于电机电流信息的机械转子系统载荷定性辨识方法。通过奇异值分解对电流频域信息预处理，可以有效弱化工频成分，从而使特征信息显现，再经过小波包分析(wavelet packet analysis, WPA)对能量特征提取，经由学习向量量化神经网络(learning vector quantization neural network, LVQNN)对载荷类型进行定性辨识。

另外，本章提出基于电机电流信息的机械转子系统载荷定量辨识方法。神经网络具有优良回归拟合性能，可通过广义回归神经网络(generalized regression neural network, GRNN)预测转子系统所受的载荷激励。

4.2　电流信息强化处理方法

4.2.1　快速傅里叶变换

针对本书研究中的中速转子系统，分别为其设计施加各类型与参数的外载荷。

首先对各载荷对应的试验电机电流响应信号进行快速傅里叶变换。以50N·m冲击载荷、(t+50)N·m线性载荷、($\sin 10\pi t + 40$)N·m简谐载荷、50 N·m稳态载荷为例，图4-1～图4-4为信号变换处理后的结果。由图可以看到，转换到频域后的各信号主要呈现出50Hz的主频，即体现了动力电的频率。图中，主频周围可见各自微小的其他频率组分。这说明，转子系统载荷引发的电流响应信息已经被动力电引发的响应信息所涵盖，因此仅从快速傅里叶变换图中难以看出载荷的电流响应信息，还需继续提取信号。

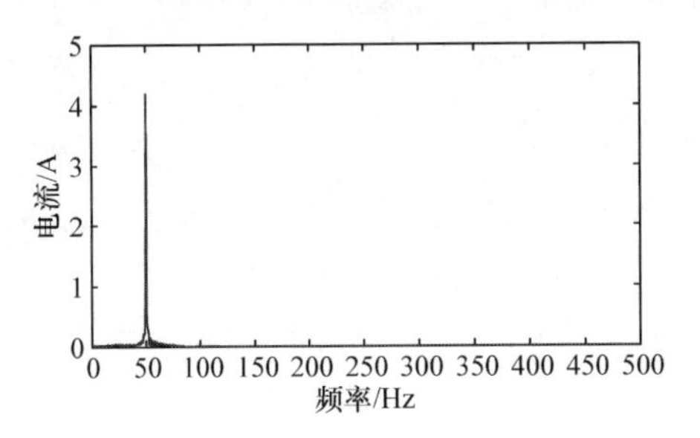

图4-1　冲击载荷下电流信号频谱图

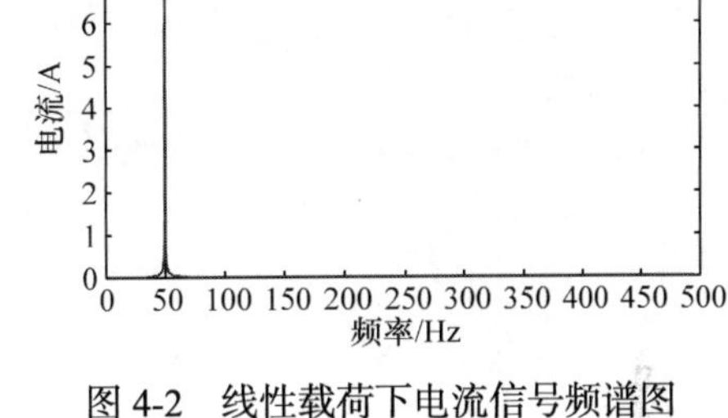

图4-2　线性载荷下电流信号频谱图

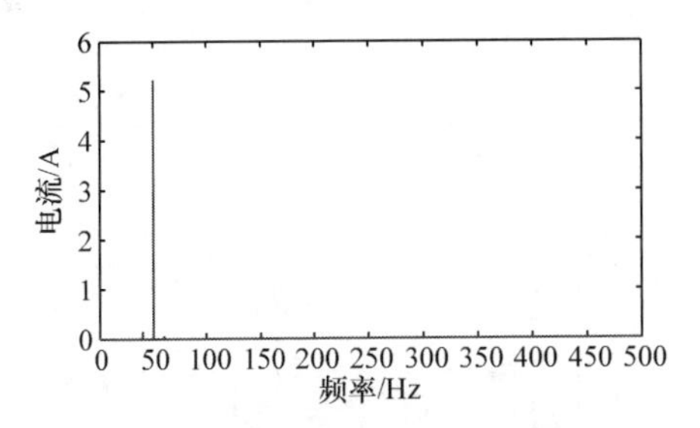

图4-3　简谐载荷下电流信号频谱图

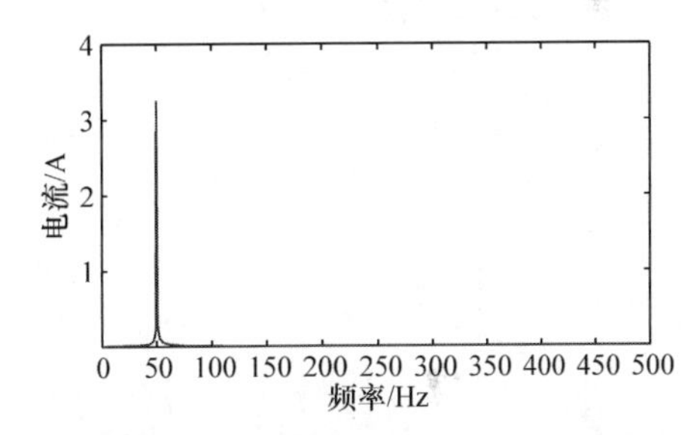

图4-4　稳态载荷下电流信号频谱图

4.2.2　奇异值分解

转子系统工作实况常存在干扰因素，形成混合响应信号，从而削弱了有效信号，所以需要对信号进行再提取、再处理。SVD方法的工作原理是对原始信号重新构造，即仅保留某值奇异值以上部分。换言之，该法能够较好地实现信息降噪[176, 177]。文献[178]～[183]也显示了利用该方法可以有效地进行信号处理。

1. 奇异值分解原理

令 $A \in \mathbf{R}^{m \times n}$ 矩阵的秩是 $r > 0$，则分别有正交矩阵 V 与 U (分别对应 n 阶与 m 阶)。有 $A = U\begin{bmatrix} \Sigma & 0 \\ 0 & 0 \end{bmatrix} V^{\mathrm{H}}$，且 $\Sigma = \mathrm{diag}(\sigma_1,\ \sigma_2, \cdots,\ \sigma_r)$，$\sigma_i\,(i = 1, 2, \cdots, r)$ 是奇异值

且 $\sigma_1 \geqslant \sigma_2 \geqslant \cdots \geqslant \sigma_r > 0$。量值比较大的奇异值位于前部，很大程度上涵盖了 A 中的信息[184]。

SVD 过程中，吸引子矩阵的建立很重要，可以利用原始信号转换获得，即

$$A = \begin{bmatrix} y_1 & y_2 & \cdots & y_m \end{bmatrix}^{\mathrm{T}} = \begin{bmatrix} x_1 & x_2 & \cdots & x_n \\ x_2 & x_3 & \cdots & x_{n+1} \\ \vdots & \vdots & & \vdots \\ x_m & x_{m+1} & \cdots & x_{n+m-1} \end{bmatrix} \tag{4-1}$$

A 矩阵还可以利用式(4-2)实现：

$$A = \begin{bmatrix} z_1 & z_2 & \cdots & z_m \end{bmatrix}^{\mathrm{T}} = \begin{bmatrix} x_1 & x_2 & \cdots & x_n \\ x_{n+1} & x_{n+2} & \cdots & x_{2n} \\ \vdots & \vdots & & \vdots \\ x_{(m-1)n+1} & x_{(m-1)n+2} & \cdots & x_{mn} \end{bmatrix} \tag{4-2}$$

2. 电流信息的奇异值分解

在 4.2.1 节的信号处理基础上，图 4-5～图 4-8 给出了不同类型载荷作用下，其对应电流信息的 SVD 结果。

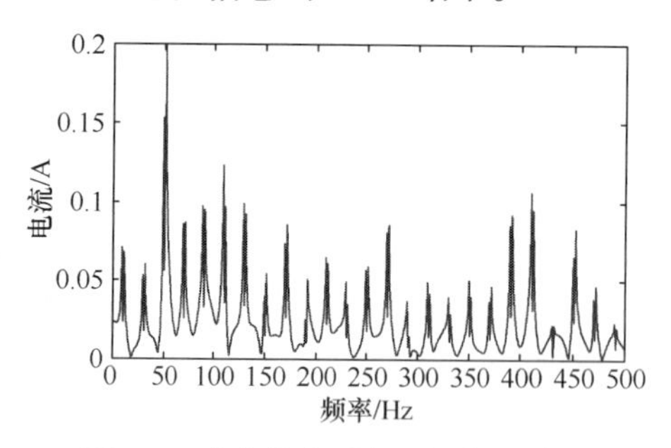

图 4-5　冲击载荷下电流幅值频谱图

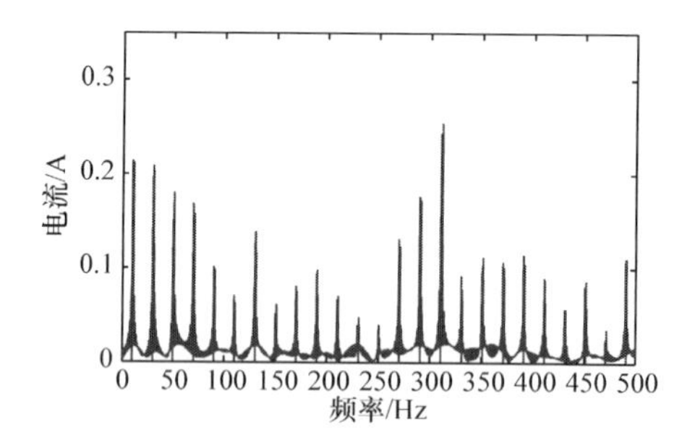

图 4-6　线性载荷下电流幅值频谱图

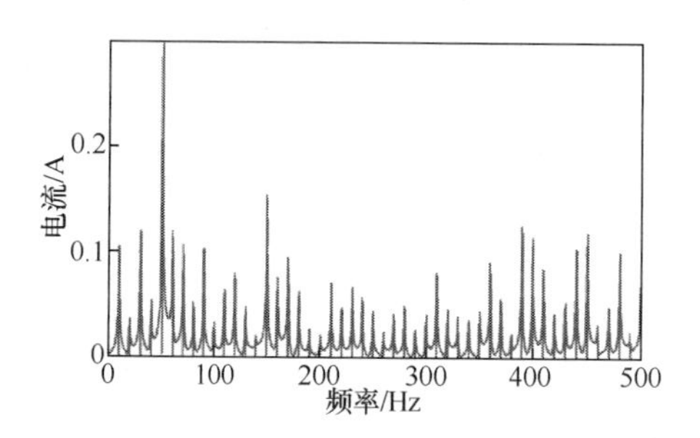

图 4-7　简谐载荷下电流幅值频谱图

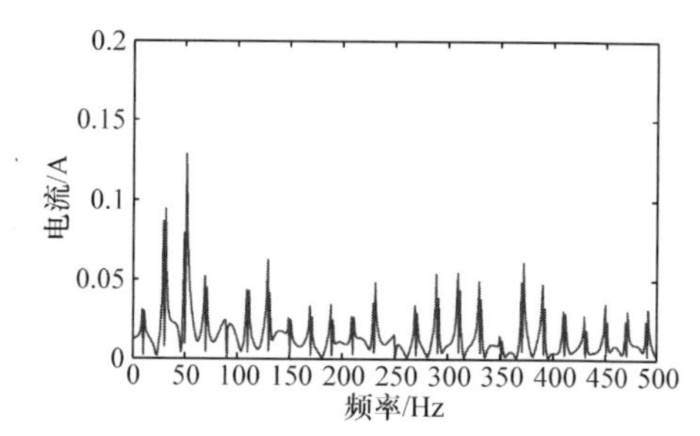

图 4-8　稳态载荷下电流幅值频谱图

由图可以看到，频率变化形态多样且各异，显然已经在很大程度上削弱了

4.2.1 节中 50Hz 主频的显现效果；而研究所需的不同类型载荷的响应信息得以较清晰呈现。

下面分析调制信号。调制波频率用 f_v 表示，载波频率用 f_u 表示，这样主频 f_u 和 $f_u \pm f_v$ 边频构成调制后信号。

调制波：

$$v = V_m \cos 2\pi f_v t \tag{4-3}$$

载波：

$$u = U_m \cos 2\pi f_u t \tag{4-4}$$

调制后信号：

$$T = \frac{1}{2} K U_m V_m [\cos 2\pi t(f_u + f_v) + \cos 2\pi t(f_u - f_v)] + K U_m \cos 2\pi f_u t \tag{4-5}$$

例如，由图 4-5 所示的冲击载荷所对应的电流图可以看到，10Hz、30Hz、70Hz 和 90Hz 体现了特征频率；然而，主要频率还有 50Hz、(50 ± 20)Hz 和 (50 ± 40)Hz，表明虽然 SVD 将动力电频率效应明显削弱，但在谱图中仍有部分体现。

由图 4-6～图 4-8 同样可以看到，削弱电流信号的工频后，其他频率成分被有效显现出来，但同时在一定程度上仍存在动力电的频率效应。

4.2.3 小波包能量特征提取

1. 特征提取原理

小波分析方法用于细化信号低频部分的频率与高频部分的时间，然而其只对信号低频范围具有较好的分辨能力；对于逼近信号，该方法很难对其较好地分解。小波包分析方法不但可以分析小波，还可以有效分解信号的高频范围[184]。很多学者也利用小波包进行了信号的有效分析[185-189]。

小波包分解过程如图 4-9 所示。图中，最顶层为 (0,0)，往下三层逐层分解。每层中的节点 (i, j) 均对应有相应的频率段；其中，i 表示分解的层次，j 表示位于该层中的节点顺序。之后，需要推出各节点处的能量值，可以通过各节点的小波系数 x_{jk} 获得，则节点 $(3, j)$ 处的能量值 E_{3j} 表达为式(4-6)，且令 k 表示采样点，即

$$E_{3j} = \sum_{k=1}^{n} x_{jk}^2 \tag{4-6}$$

该节点的能量占比为

$$P_j = \frac{E_{3j}}{\sum_{j=0}^{7} E_{3j}} \tag{4-7}$$

由于不同类型载荷作用下转子系统电机电流的频谱特征具有差异性，根据式(4-7)

可得到一个由各节点组成的特征向量 P ：

$$P=[P_0,P_1,P_2,P_3,P_4,P_5,P_6,P_7] \tag{4-8}$$

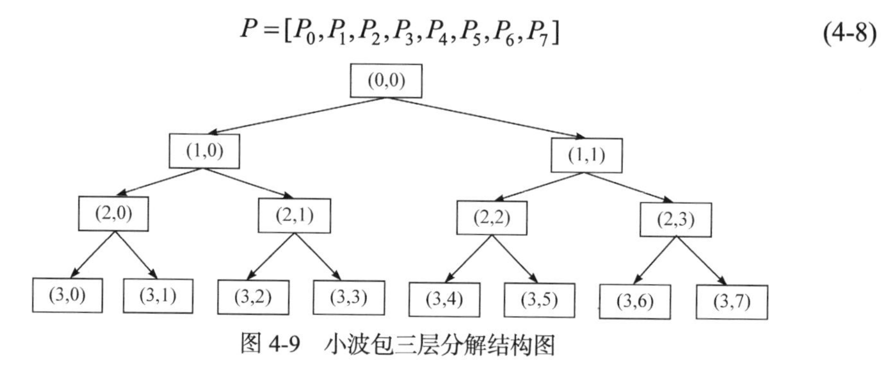

图 4-9 小波包三层分解结构图

2. 电流信息的能量特征提取

采样频率设置为125Hz，可以使低频信号的分辨性增强。利用小波包进行三层分解，提取电机电流信息的能量特征，得到的结果如表 4-1 所示。对应底层 8 个节点，代表 8 个不同频率区域。

表 4-1 能量节点

节点序列	能量节点	频段/Hz	节点序列	能量节点	频段/Hz
1	(3,0)	0～15.625	5	(3,4)	62.50～78.125
2	(3,1)	15.625～31.25	6	(3,5)	78.125～93.75
3	(3,2)	31.25～46.875	7	(3,6)	93.75～109.375
4	(3,3)	46.875～62.50	8	(3,7)	109.375～125.0

本节分别在冲击载荷、线性载荷、简谐载荷和稳态载荷的作用下，得到转子系统相应的电流响应信息。这些信息再经前述信号预处理后，得到图 4-10～图 4-13 所示的各信号能量示意图。图中各节点的量值起伏变化，其中横坐标表示信号节点序列，纵坐标表示节点能量占比。各图间的能量形态各异，体现出不同载荷对响应信号的作用效应也不同。

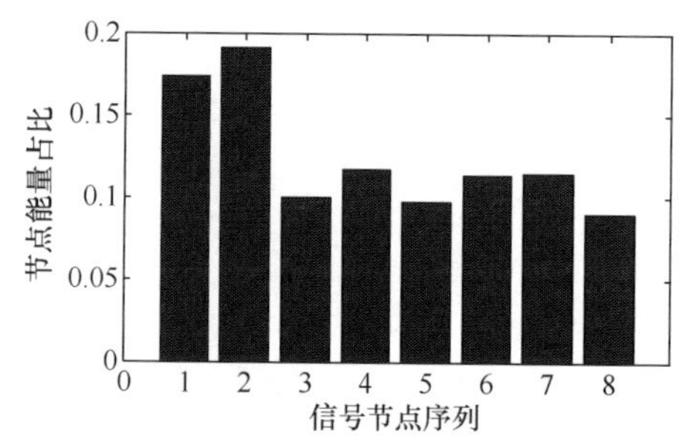

图 4-10 冲击载荷激励下节点能量

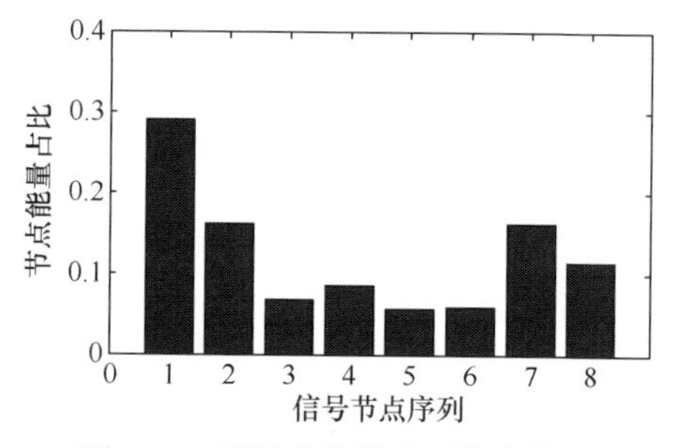

图 4-11 线性载荷激励下节点能量

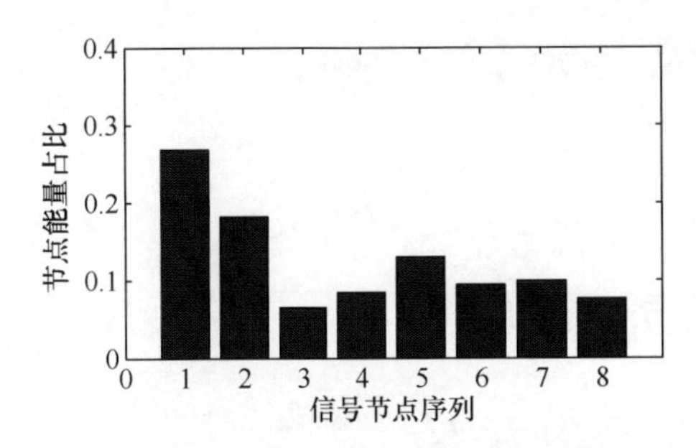

图 4-12　简谐载荷激励下节点能量

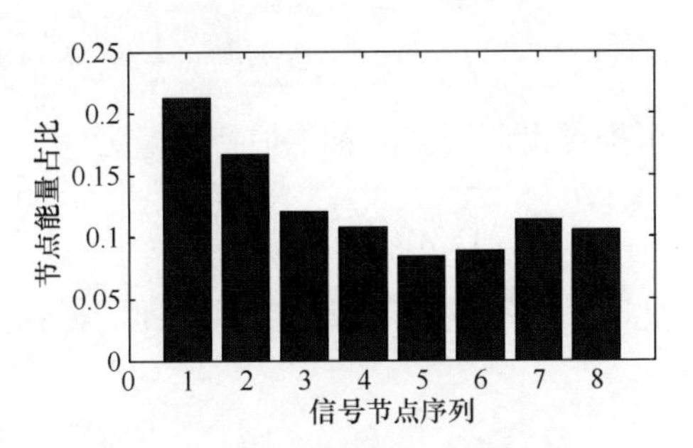

图 4-13　稳态载荷激励下节点能量

4.2.4　希尔伯特模量的频谱分析

针对简谐载荷的定量辨识，本章通过希尔伯特模量(Hilbert modulus, HM)方法来提取简谐载荷的频率，进而实现最终的辨识。具体过程如下。

对于时间信号 $x(t)$ ，其希尔伯特变换 $\tilde{x}(t)$ 为

$$\tilde{x}(t)=\frac{1}{\pi}\int_{-\infty}^{\infty}\frac{x(\tau)}{t-\tau}\mathrm{d}\tau=x(t)\frac{1}{\pi t} \tag{4-9}$$

由此可得希尔伯特变换的频率响应为

$$H(\mathrm{j}\omega)=\begin{cases}-\mathrm{j}, & \omega>0\\ +\mathrm{j}, & \omega<0\end{cases} \tag{4-10}$$

由此可知，经由希尔伯特变换后的信号幅值未发生变化，在相位变化方面，正频率偏移量为−90°，负频率偏移量为 90°。$x(t)$ 和 $\tilde{x}(t)$ 为复共轭，则解析信号 $y(t)$ 为

$$y(t)=x(t)+\mathrm{j}\tilde{x}(t) \tag{4-11}$$

这时，希尔伯特模量表示为 $|x(t)+\mathrm{j}\tilde{x}(t)|^2$ [190]。

对于简谐载荷，载波 $u_{\mathrm{c}}(t)$ 为动力电流，调制波 $u_{\Omega}(t)$ 为转子系统所受激励的响应电流，调制后得 $U_{\mathrm{AM}}(t)$：

$$u_{\mathrm{c}}(t)=U_{\mathrm{c}}\cos\omega_{\mathrm{c}}t \tag{4-12}$$

$$u_{\Omega}(t)=U_{\Omega}\cos\Omega t \tag{4-13}$$

$$U_{\mathrm{AM}}(t)=(U_{\mathrm{c}}+k_{\mathrm{c}}U_{\Omega}\cos\Omega t)\cos\omega_{\mathrm{c}}t \tag{4-14}$$

按三角函数展开为

$$U_{\mathrm{AM}}(t)=U_{\mathrm{c}}\cos\omega_{\mathrm{c}}t+\frac{1}{2}M_{\mathrm{c}}U_{\mathrm{c}}\cos(\omega_{\mathrm{c}}+\Omega)t+\frac{1}{2}M_{\mathrm{c}}U_{\mathrm{c}}\cos(\omega_{\mathrm{c}}-\Omega)t \tag{4-15}$$

可推导出调制波的希尔伯特模量为

$$|U_{\mathrm{AM}}(t)|^2=\left(1+\frac{1}{2}M_{\mathrm{c}}^2\right)U_{\mathrm{c}}^2+\frac{1}{2}M_{\mathrm{c}}^2U_{\mathrm{c}}^2\cos 2\Omega t+2M_{\mathrm{c}}^2U_{\mathrm{c}}^2\cos\Omega t \tag{4-16}$$

此时，频率的有用成分突显，即能得到简谐载荷的频率。

4.3 载荷定性辨识方法

转子系统载荷类型辨识方法流程图，如图 4-14 所示。左列框图从上到下为该辨识方法的五个步骤：导入转子系统电流信号、电流信号综合预处理、电流信号能量特征提取、转子系统载荷类型辨识和辨识结果输出。右侧框图中，上面的文本框表示电流信号预处理的过程分解，即奇异值分解部分；下面两个文本框表示在前述信号预处理的基础上进行小波包特征能量提取，并采用 LVQNN 分类筛选方法进行转子系统载荷类型的辨识。

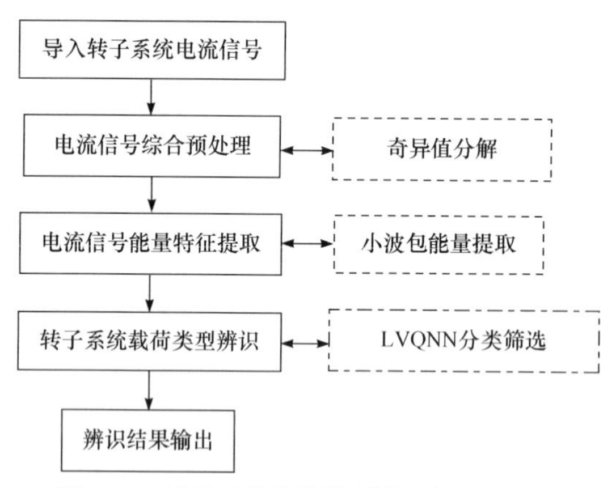

图 4-14 转子系统载荷类型辨识方法流程图

4.3.1 LVQNN 分类筛选方法

1. 网络结构

LVQNN 由 Kohonen 竞争算法演化得出，可作为用于训练竞争层的具有有效监督学习方法的输入前向神经网络。LVQNN 由输入层、竞争层和输出层三部分神经元组成，如图 4-15 所示 其中，p 表示 R 维的输入模式；S^1 表示竞争层神经元个数；S^2 为输出层神经元个数；$\mathrm{IW}^{1,1}$、$\mathrm{LW}^{2,1}$ 分别表示相邻两层间连接权系数矩阵；n^1、a^1 分别表示竞争层神经元的输入和输出；n^2、a^2 分别表示输出层神经经

元的输入和输出；||dist||表示距离函数。

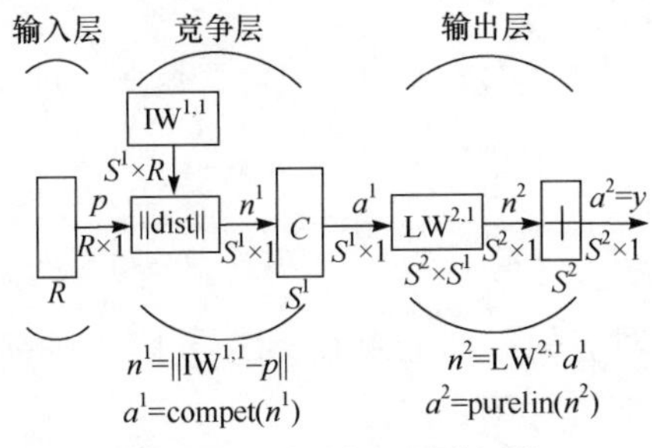

图 4-15　学习向量量化网络

2. 学习算法

LVQNN 算法是现有的一种在有教师状态下可进行竞争层训练的有效学习方法，其改进了自组织特征映射算法[191]。

LVQNN 算法可以分为 LVQ1 算法和 LVQ2 算法。

(1) LVQ1 算法步骤如下。

① 初始化输入层与竞争层之间的权值 w_{ij} 及学习率 $\eta(\eta>0)$。

② 对输入层进行输入向量 $x=\left(x_1,x_2,\cdots,x_R\right)^{\mathrm{T}}$ 的赋值。

输入向量相距竞争层神经元的值 d 可以用式(4-17)得出，其中，两者的权值用 w_{ij} 表示，竞争层神经元个数用 S^1 表示。

$$d_i=\sqrt{\sum_{j=1}^{R}\left(x_i-w_{ij}\right)^2},\quad i=1,2,\cdots,S^1 \tag{4-17}$$

③ 对于线性输入层，若 $d=d_i$ 最小，则标签 C_i 表示对神经元标记的类别。

④ 对于输入向量，这里用 C_x 标识它的类别。

权值修正公式如下(当 $C_i=C_x$ 时)：

$$w_{ij}^{\text{new}}=w_{ij}^{\text{old}}+\eta\left(x-w_{ij}^{\text{old}}\right) \tag{4-18}$$

反之，权值公式如下：

$$w_{ij}^{\text{new}}=w_{ij}^{\text{old}}-\eta\left(x-w_{ij}^{\text{old}}\right) \tag{4-19}$$

(2) LVQ2 算法步骤如下。

① 通过第一种算法即 LVQ1 算法学习全部的输入模式。

② 对输入层进行输入向量 $x=\left(x_1,x_2,\cdots,x_R\right)^{\mathrm{T}}$ 的赋值，运用式(4-17)获取输入向量相距竞争层神经元的值 d。

③ 对于竞争层神经元，选取与输入向量间距最小的两个神经元，将它们记作 i 与 j。

④ 若 C_i=C_x，则神经元 i 与 j 间的权值需要按照下面方式进行修正：

$$\begin{cases} w_i^{\text{new}} = w_i^{\text{old}} + a\left(x - w_i^{\text{old}}\right) \\ w_j^{\text{new}} = w_j^{\text{old}} - a\left(x - w_j^{\text{old}}\right) \end{cases} \tag{4-20}$$

若 C_j=C_x(神经元 j 对应的类别记为 C_i，C_x 同上)，则神经元 i 和神经元 j 的权值需要按照下面所属方式进行修正：

$$\begin{cases} w_i^{\text{new}} = w_i^{\text{old}} - a\left(x - w_i^{\text{old}}\right) \\ w_j^{\text{new}} = w_j^{\text{old}} + a\left(x - w_j^{\text{old}}\right) \end{cases} \tag{4-21}$$

⑤ 若神经元 i 和神经元 j 未能达到上述步骤④的条件，则只需要对距离输入向量最近的神经元进行更新，更新过程中所运用的公式与第一种算法(LVQ1 算法)中的步骤④相同。

4.3.2　载荷辨识结果

针对随机选取中速转子系统试验中三个不同参数的四种载荷类型进行辨识，分别是 $40\text{N}\cdot\text{m}$ 、$60\text{N}\cdot\text{m}$ 、$80\text{N}\cdot\text{m}$ 冲击载荷，$40\text{N}\cdot\text{m}$ 、$60\text{N}\cdot\text{m}$ 、$80\text{N}\cdot\text{m}$ 稳态载荷，$(0.1t+40)\text{N}\cdot\text{m}$ 、$(0.2t+40)\text{N}\cdot\text{m}$ 、$(t+40)\text{N}\cdot\text{m}$ 线性载荷，以及 $(\sin 10\pi t+40)\text{N}\cdot\text{m}$ 、$(20\sin 4\pi t+60)\text{N}\cdot\text{m}$ 、$(10\sin 4\pi t+40)\text{N}\cdot\text{m}$ 简谐载荷。

建立 LVQNN 时，已知前述电流能量特征的维数是 8，则输入层节点数是 8；待辨识载荷类型为稳态载荷、线性载荷、简谐载荷与冲击载荷，对应状态 1、2、3、4；输出类型总数为 4，则输出层节点数为 4。竞争层神经元个数为 11，此时的网络性能曲线如图 4-16 所示。

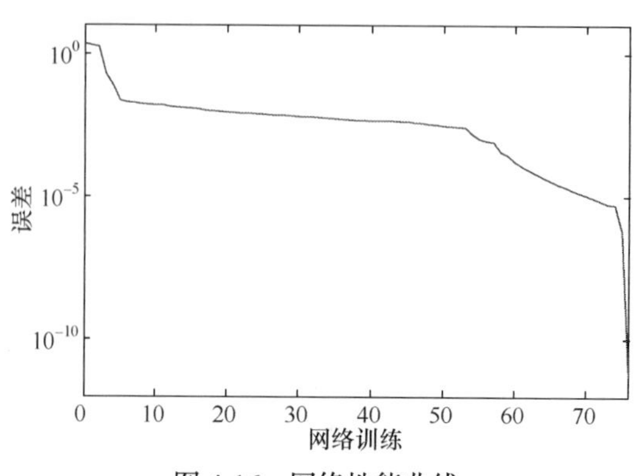

图 4-16　网络性能曲线

利用 MATLAB 工具对网络进行训练，学习率为 0.01，学习函数为 learnlv1()。网络训练次数选择为 500 次。

部分训练样本数据如表 4-2 所示，部分测试样本数据如表 4-3 所示。训练样本与测试样本不相重合。

表 4-2　训练样本数据(部分)

载荷类型	P_0	P_1	P_2	P_3	P_4	P_5	P_6	P_7
稳态	0.1568	0.1558	0.1381	0.0400	0.1505	0.1078	0.0734	0.1777
	0.0625	0.0363	0.3669	0.1959	0.0186	0.0124	0.2003	0.1072
	0.1597	0.1433	0.1204	0.1348	0.1119	0.1036	0.1191	0.1072
线性	0.1813	0.0664	0.1941	0.1062	0.0717	0.1160	0.1645	0.0998
	0.1202	0.1172	0.1328	0.0853	0.1156	0.1517	0.1306	0.1467
	0.0741	0.0431	0.3578	0.1923	0.0188	0.0135	0.1958	0.1047
简谐	0.1497	0.1202	0.0672	0.1748	0.1179	0.1650	0.0990	0.1063
	0.1552	0.0514	0.1543	0.0642	0.1069	0.1618	0.1776	0.1286
	0.0569	0.0296	0.3725	0.2000	0.0181	0.0105	0.2044	0.1081
冲击	0.1040	0.1510	0.1065	0.1388	0.1624	0.0858	0.1457	0.1058
	0.1140	0.1565	0.1600	0.1024	0.1744	0.0439	0.1445	0.1044
	0.1255	0.0979	0.1012	0.1712	0.0778	0.1671	0.0771	0.1823

表 4-3　测试样本数据(部分)

载荷类型	P_0	P_1	P_2	P_3	P_4	P_5	P_6	P_7
稳态	0.0636	0.0369	0.3662	0.1954	0.0187	0.0126	0.1997	0.1069
线性	0.0768	0.0447	0.3557	0.1913	0.0191	0.0139	0.1945	0.1041
简谐	0.0584	0.0321	0.3710	0.1982	0.0184	0.0114	0.2027	0.1079
冲击	0.0546	0.0266	0.3724	0.2009	0.0204	0.0119	0.2048	0.1084

LVQNN 经过前期训练后，能够用于对测试集的分类辨识。此处获得的平均辨识率为 95.1%，表明通过对样本数据的测试，网络成功地辨识出了输入向量。因此，LVQNN 可以较为准确地辨识载荷类型，表明该网络的设计是合理的。

4.4　载荷定量辨识方法

4.4.1　GRNN 数据预测方法

广义回归神经网络是由 Specht 博士最先提出的，是非线性回归径向基神经网络[192]。它的优点明显，不需要提前确定方程，而是直接利用概率密度函数替代固有方程形式[193]。它不仅具有柔性网络结构，还具有较强的非线性映射能力，容错性和鲁棒性较强，在求解非线性问题中非常实用。图 4-17 为典型的 GRNN 拓扑结构图。图中的结构为四层设置，四列纵向圆圈依次表示这四个网络拓扑层级，即输入层、模式层、求和层和输出层[194]。相对应网络输入为 $X=[x_1, x_2,\cdots, x_n]^{\mathrm{T}}$，其输出为 $Y=[y_1, y_2, \cdots, y_k]^{\mathrm{T}}$。

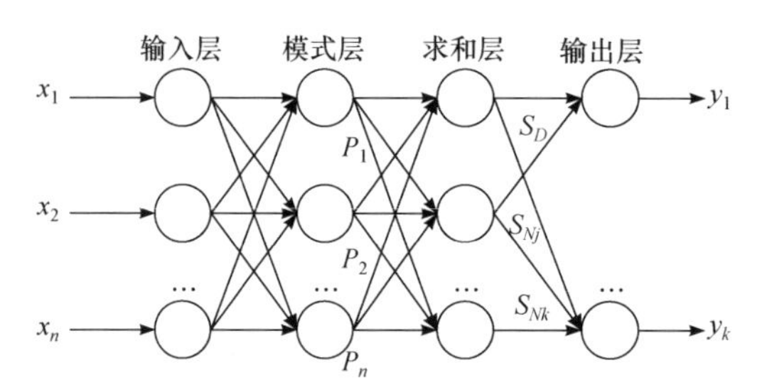

图 4-17　典型的 GRNN 拓扑结构图

1) 输入层

输入层神经元数与训练样本中输入向量具有相同的维度。输入样本数据通过输入层后，继续往下一层级传输[195]。

2) 模式层

训练样本数 n 与该层神经元总数相同。不同样本与不同神经元相对应，它的神经元传递函数为[196]

$$P_i=\exp\left[-\frac{(X-X_i)^{\mathrm{T}}(X-X_i)}{2\sigma^2}\right],\quad i=1,2,\cdots,n \tag{4-22}$$

3) 求和层

求和层的第一类求和公式为

$$S_D=\sum_{i=1}^{n}\exp\left[-\frac{(X-X_i)^{\mathrm{T}}(X-X_i)}{2\sigma^2}\right] \tag{4-23}$$

模式层与神经元之间的传递函数可以表达为

$$S_D=\sum_{i=1}^{n}P_i \tag{4-24}$$

第二类的计算公式为

$$S_{Nj}=\sum_{i=1}^{n}Y_i\exp\left[-\frac{(X-X_i)^{\mathrm{T}}(X-X_i)}{2\sigma^2}\right] \tag{4-25}$$

求和层与模式层之间的传递函数[193]可以表示为

$$S_{Nj}=\sum_{i=1}^{n}y_{ij}P_i,\quad j=1,2,\cdots,k \tag{4-26}$$

4) 输出层

第 j 个预测值元素与输出层神经元 j 相呼应[195]，即

$$y_j=\frac{S_{Nj}}{S_D},\quad j=1,2,\cdots,k \tag{4-27}$$

4.4.2　载荷辨识结果

1. 辨识模型构建

为了定量辨识转子系统负载，本节提出了一种基于电机电流信息的 GRNN 载荷定量辨识方法。以中速转子系统为例，系统载荷与电机定子电流两者的模型可通过广义回归神经网络实现；进而可以通过电流信息进行目标载荷的辨识。构造 GRNN 模型时，其网络训练数据是建立在大量稳态加载激励数据的基础上的，包括时间走向上的响应电流特征信息和与其对应的载荷信息。通过模型可以建立一个电流与载荷的对应关系。模型构建过程中，径向基函数扩展速度(spread)的设定比较重要，其值影响预测结果的误差，其值越小误差越小；然而，过小也不可取，会出现过拟合问题。这里的 spread 取值为 0.6，此时的网络性能最佳。这里针对待回归的几类转子系统载荷，分别进行简要说明。对于稳态载荷、线性载荷和冲击载荷，可以根据上面方法分别辨识出相应的许多载荷点，再逐点连线组成所辨识的整体载荷。当然，载荷点越多呈现的辨识载荷也会越精确。

简谐载荷用 $M=a\cdot\sin\omega t+b$ 表示，则回归拟合此类载荷时，需要分别确定其表达式的各参数，即 a、b、f (由 ω 求得)。a 与 b 能够参照上面方法辨识载荷幅值求得；而作用载荷的频率 f 则通过希尔伯特模量频谱分析求得。其详细过程为：以稳态载荷数据为基础，电机电流特征点就是选取各个时刻信号外包络线的最值点。这样，所辨识出的载荷量值实际上恰好对应了载荷的两个最值，即 $a+b$ 与 $a-b$，进而可以得到幅值。这里，网络的训练样本来自 10 组不同幅值的稳态载荷，如表 4-4 所示。

表 4-4　训练样本数据

电流特征点数值/A	载荷值/(N · m)	电流特征点数值/A	载荷值/(N · m)
4.080	0	9.006	25
4.903	5	11.507	35
6.897	15	14.801	45

续表

电流特征点数值/A	载荷值/(N · m)	电流特征点数值/A	载荷值/(N · m)
18.434	55	27.322	75
22.517	65	33.182	85

训练后，载荷与电流的 GRNN 关系模型形成。当给网络输入特征电流值时，会输出对应的辨识载荷幅值。

2. 简谐载荷频率计算

在电机定子电流频率组成中，有时包括较突出的基波。而载荷的频率将受其干扰甚至被其覆盖。为了解决这一问题，目前有 Park 矢量法、小波分析方法等特征频率处理方法，但这些方法也存在一些不足。这里引入一种较便捷的 HM 方法识别频率，可以有效提取有用的频率成分[188]。

以简谐载荷 $M=(10\sin 4\pi t+40)\mathrm{N\cdot m}$ 为例，得到载荷频率特征为 2.06Hz ，如图 4-18 所示。实际载荷的频率和利用电流提取的频率虽然不是完全相同，但是误差为 3%，能够满足需求。

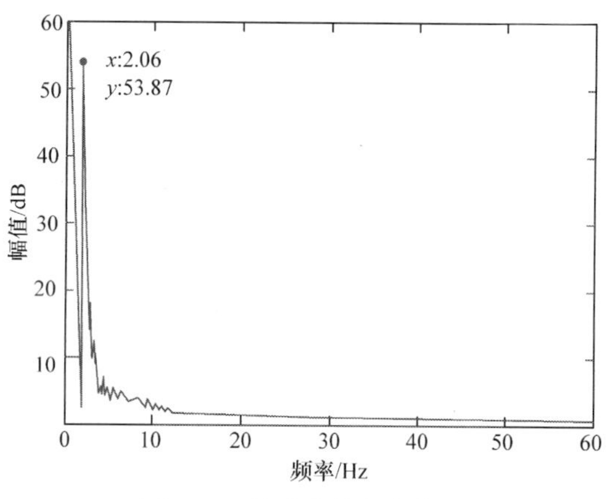

图 4-18　简谐载荷频率特征

3. 辨识结果

本节待辨识载荷是针对中速转子系统，任意选定四类某参数的试验载荷。通过特征电流信号回归拟合出对应的载荷量值。

1) 稳态载荷辨识

辨识 $M=40\mathrm{N\cdot m}$ 的稳态载荷。表 4-5 给出了载荷的回归拟合数值，这里辨识了 8 个载荷点。图 4-19 展示的是幅值随时间变化的稳态回归载荷，同时给出了载荷辨识值与实际值的对比。横坐标为时间，纵坐标为载荷。

表 4-5　稳态载荷的辨识值

时间点/s	4.011	4.508	4.996	5.511	5.986	6.494	6.999	7.993
电流特征点幅值/A	13.09	13.08	13.10	13.11	13.12	13.10	13.12	13.11
辨识载荷/(N·m)	40.70	40.67	40.61	40.65	40.69	40.71	40.68	40.74

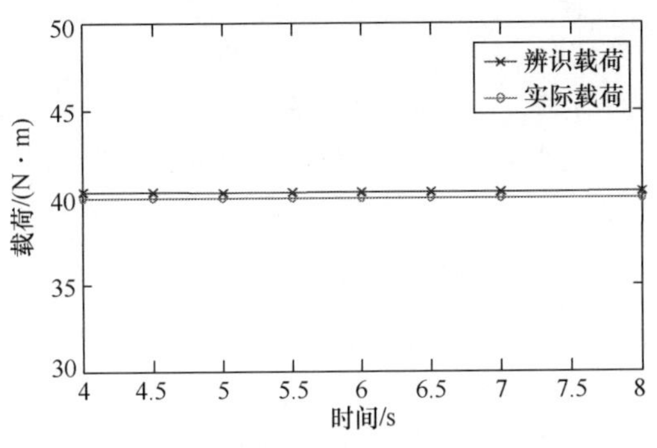

图 4-19　载荷辨识结果(稳态载荷)

由图 4-19 可以看到，辨识值与实际值的走势一致；在载荷量值上，实际值比辨识值略小，误差为1.7%，可以满足辨识要求。

2) 冲击载荷辨识

辨识 $M = 40\text{N}\cdot\text{m}$ 的冲击载荷。表 4-6 给出了载荷的回归拟合数值，这里预测了 8 个载荷点。图 4-20 展示的是幅值随时间变化的冲击回归载荷，同时给出了载荷辨识值与实际值的对比。横坐标为时间，纵坐标为载荷。

表 4-6　冲击载荷的辨识值

时间点/s	4.851	5.012	5.108	5.188	5.218	5.294	5.343	5.502
电流特征点幅值/A	4.059	4.082	4.031	7.950	10.843	4.101	4.075	4.081
辨识载荷/(N·m)	−0.65	0.11	−0.92	19.55	36.83	0.80	−0.12	0.12

由图 4-20 可知，GRNN 可以辨识出冲击载荷。载荷量值上，冲击载荷的辨识值比真实值小，精度为92.1%。载荷形态上，辨识值比实际值发生量值突变的时间要晚0.1s，两者突变的持续时间相同；同时辨识曲线与实际曲线未完全重合，主要是由特征值设置是离散点造成的。

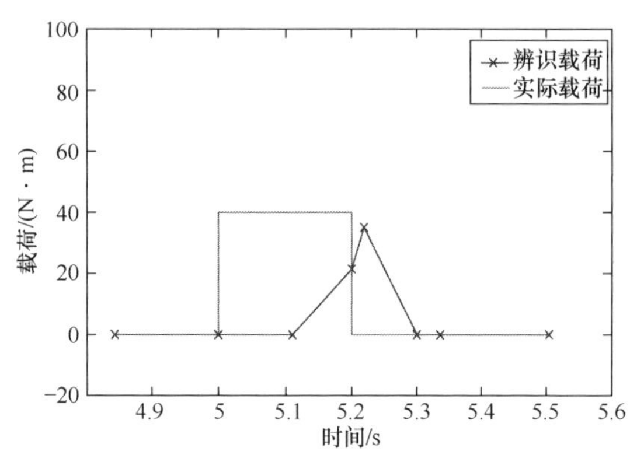

图 4-20　载荷辨识结果(冲击载荷)

3) 线性载荷辨识

辨识线性载荷 $M=(t+30)\mathrm{N}\cdot\mathrm{m}$。选取电流信号 7 个特征点，记录特征点对应的信号幅值。表 4-7 给出了载荷的回归拟合结果。根据辨识点连线还原出线性加载载荷，图 4-21 展示的是幅值随时间变化的线性回归载荷，同时给出了载荷真值作为对照，得到辨识值与实际值的对比。横坐标为时间，纵坐标为载荷。

表 4-7　线性载荷的辨识值

时间点 / s	2.011	3.508	5.014	6.001	7.495	8.597	9.990
电流特征点幅值 / A	10.31	10.78	11.06	11.32	11.63	11.88	12.43
辨识载荷 / (N·m)	30.32	31.86	33.13	34.11	35.33	36.27	37.71

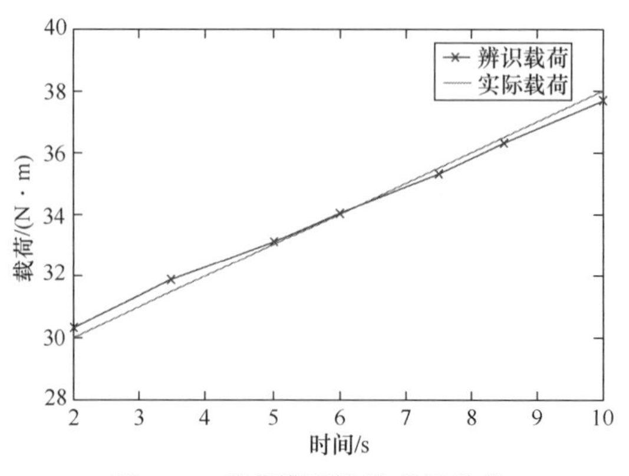

图 4-21　载荷辨识结果(线性载荷)

辨识$(t+30)\mathrm{N}\cdot\mathrm{m}$ 的线性载荷，辨识误差在允许范围之内，因此对线性载荷的辨识得到了较准确的结果。

4) 简谐载荷辨识

辨识简谐载荷 $M=(10\sin 4\pi t+40)\mathrm{N\cdot m}$。用 $a\cdot\sin 2\pi ft+b$ 来表示简谐载荷随时间 t 的幅值变化，则只要依次求解出该式的 a、b 和 f，就可得到该载荷的表达式。训练样本取间隔 2.5 个周期的电机电流信息包络线最值 $a+b$ 和 $a-b$。根据最值计算，推出 a 为10.60，b 为40.93，根据希尔伯特模量方法确定 f 为2.06 Hz，辨识的简谐载荷为 $M=(10.60\sin 4.12\pi t+40.93)\mathrm{N\cdot m}$。所得相应的数据如表 4-8 所示。拟合出的该简谐载荷结果如图 4-22 所示，同时给出实际值与辨识值对照。

表 4-8　简谐载荷的辨识值

时间点/s	电流特征点幅值/A	对应载荷值/(N·m)	a、b 参数	频率/Hz	预测载荷/(N · m)
4.387	17.03	51.53	a=10.60 b=40.93	2.06	M=10.60sin4.12πt+40.93
5.579	10.37	30.33			

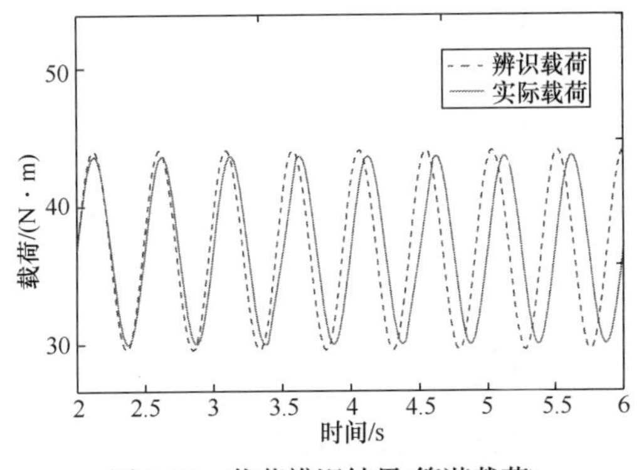

图 4-22　载荷辨识结果(简谐载荷)

对于简谐载荷 $M=(10\sin 4\pi t+40)\mathrm{N\cdot m}$，所得到的载荷辨识结果为 $M=(10.60\sin 4.12\pi t+40.93)\mathrm{N\cdot m}$，幅值、偏移量和频率的辨识误差分别为 6%、2.3%、3%，均在允许范围内，所以可以实现简谐载荷的定量辨识。

4.5 小　结

本章主要研究内容与结论如下。

(1) 提出了转子系统电机电流信息强化处理方法。将快速傅里叶变换后的实测电流频域信号，经 SVD 处理后使得信号的特征频率显性化，再通过 WPA 提取信号能量特征，以便于后续的载荷辨识。

(2) 提出了一种基于电机电流信息的转子系统载荷定性辨识方法。测试样本通过训练好的 LVQNN，能够对转子系统的外载荷进行分类辨识。载荷类型辨识结果较好，说明该网络能够实现对测试样本的成功分类，即表明所设计网络的可行性。

(3) 提出了一种基于电机电流信息的转子系统载荷定量辨识方法。根据转子系统的动态激励和对应的实测电机电流响应，构建了转子系统动态载荷定量辨识 MCSA&GRNN 关系模型，再反求出转子系统所受载荷的幅值；简谐载荷频率通过希尔伯特模量方法求得，进而实现了简谐载荷的定量辨识。载荷定量辨识的结果显示辨识效果优良。

第 5 章　基于融合信息的转子系统载荷辨识方法

5.1　引　　言

随机械转子系统的不断发展，其非线性和时变性等特点日渐凸显。前面章节分别使用试验振动和电机电流信息，对转子系统不同负载类型和参数进行了辨识，获得了良好的效果。本章在前述研究的基础上，提出一种将这两类信号融合进而辨识载荷的方法，这样可以在一定程度上扩大系统在时间和空间上的覆盖范围，改进对目标的检测与辨识能力，提高载荷的辨识性。

本章提出的基于融合信息的转子系统载荷定性辨识方法，是一种贝叶斯(Bayes)特征级融合方法。两类试验信号经小波包提取特征能量信息，运用融合信息技术，实现对不同类型载荷的定性辨识与分析。

由于转子系统所受载荷激励会相应影响其振动与电机电流响应信号，也就是说系统激励与响应间具有特定联系。通过其间的模型关系构建，可以使系统激励载荷定量辨识得以实现。本章基于融合信息，又提出一种转子系统载荷定量辨识的支持向量回归(support vector machine for regress, SVMR)方法。综合考量多种来源信息，使各单源信息得以互补，这样通过两种响应信息的有效融合实现载荷的定量辨识。试验信号的来源与获取详见第 6 章。

5.2　理论与方法

5.2.1　融合信息方法

基于单源信号的载荷类型识别，获得较好效果，但同时也可能存在某些不足。例如，单一类型信号，如振动信号，会因信号监测方式或测点布置的差异性，导致信号中包含不同的载荷特性信息。另外，当加载工况近似时，测得的单源响应信号中的载荷信息可能比较接近，这样进行载荷识别时难度相对较大。而与单源信息相比，通过使多传感器信息有效汇聚并优势互补，融合信息方法常常可以获得较好的信息处理结果，相关例证与依据见 1.3.1 节中“基于融合信息”部分。因此，可以从四个方面概括融合信息方法的特性。

(1) 全面性。融合后信息囊括来自不同传感器的信号，这些信号也不可避免地包含有自身传感器的一些特质。因此，与单一信号相比，融合信息更充分地还原了信号本身的丰富特点，增强了各信号间的彼此互补性，进而降低最终判别时出现的不确定性。

(2) 鲁棒性。相对于基于单一信号的分析方法，融合信息方法拥有较好的分析效果；即使其中供源信号偶发失常现象，也不易妨碍整体的融合判别。

(3) 高效性。它可以在相同时间内获取更多的信息量，可以更快速地进行辨识。

(4) 经济性。它可以利用一些容易采集到的信号替代难以采集的数据，不仅简化了采样工作方案，还提高了试验成本的经济性。

融合信息最早出现在美国军事领域，之后逐渐发展为一种跨学科、跨领域的信息处理方法。融合信息技术的发展历程仅有短短三四十年，但它不仅有着极宽广的理论研究范围，而且其内容也十分具有纵深的探索前景。载荷定性辨识与该方法相结合，首先需要研究如何选择具体模式；其次研究如何应用融合技术。具体可以分成三步对研究对象进行类型判别，即信号预处理、特征提取与决策判断。

图 5-1 给出了融合信息的三种类型。由图可以看到，这三个类型之间的主要区别在于，在整个系统流程中“融合”步骤所处地位的差异。在信号级融合中，“融合”步骤是对数据源特征提取后的综合信息进行处理。在特征级融合中，“融合”环节是对各自经过特征提取后的众数据源进行相关融合处理。在决策级融合中，“融合”环节位于流程最下端，即对数据源各自的辨识结果进行融合处理。本章采用的是贝叶斯估计方法，在融合信息中属于第二种类型，即特征级融合；贝叶斯统计是其构建的理论基础。

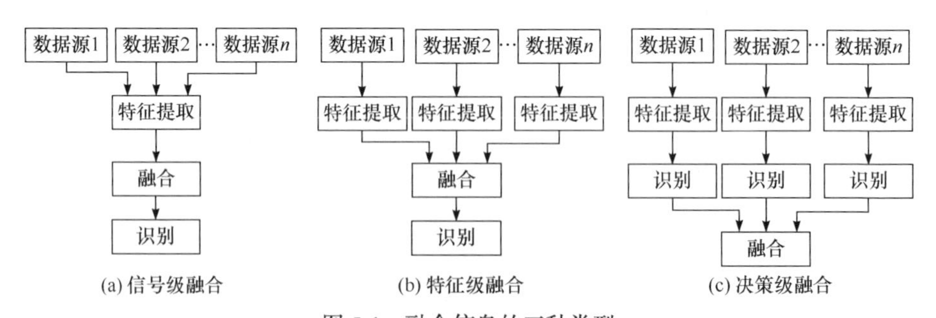

图 5-1 融合信息的三种类型

5.2.2 贝叶斯估计方法

1. 贝叶斯统计

贝叶斯统计主要是基于贝叶斯定理。贝叶斯定理的公式如下：

$$P(B|A)=\frac{P(A|B)P(B)}{P(A)} \tag{5-1}$$

该式表示在出现 A 随机事件的情况下，B 随机事件出现的概率。

1) $P(A|B)$先验分布

$P(A|B)$先验分布是总体分布参数 θ 的一个概率分布。必须先有先验分布，才能进行关于总体分布参数 θ 的统计推断。部分样本可以用作训练样本来进行先验分布的概率计算，或是对先验分布进行人为构建。

2) $P(B|A)$后验分布

用 $P(B|A)$表示后验分布，可以由式(5-1)获得。这样可以仅从 $P(B|A)$入手，而无须顾及样本的分布，就可以通过贝叶斯统计直接实施推理。

2. 分类原理与步骤

假设 x 为一个特征元素，$x=\{a_1,a_2,\cdots,a_q\}$，其各个互斥的特征属性表示为 a。用 $A=\{x_1, x_2,\cdots, x_m\}$表示需要辨识的电机电流信号和振动信号样本；用 $B=\{y_1, y_2,\cdots, y_n\}$表示输出的预测载荷类型。利用一些采集到的两类来源信号构建先验分布，是用贝叶斯估计方法进行转子系统载荷辨识的基本思路。根据 $P(A|B)$与 A，计算各种载荷概率。这些计算结果中，输出的样本预测类型就是与最大概率计算值对应的那一类。其中，$P(y_i|x)(i=1,2,\cdots,n)$表示在 x 出现的情况下，y_i 的条件概率。

训练样本数据与测试数据彼此独立。统计在各个种类下，不同特征属性的条件概率矩阵，即

$$\begin{bmatrix} P(a_1|y_1) & P(a_2|y_1) & \cdots & P(a_q|y_1) \\ P(a_1|y_2) & P(a_2|y_2) & \cdots & P(a_q|y_2) \\ & & \vdots & \\ P(a_1|y_n) & P(a_2|y_n) & \cdots & P(a_q|y_n) \end{bmatrix}$$

由贝叶斯定理计算，且特征属性之间相互独立：

$$P(y_i|x)=\frac{P(x|y_i)P(y_i)}{P(x)} \tag{5-2}$$

以上公式中的分母部分取常数项，所以只需考虑分子的大小来确定它的大小：

$$P(y_i)P(x|y_i)=P(y_i)\prod_{j=1}^{m}P(a_j|y_i) \tag{5-3}$$

将 $P(y_i|x)$由式(5-3)计算后的数据取代，得到 $P(y_k|x)=\max\{P(y_1|x), P(y_2|x),\cdots, P(y_n|x)\}$，即可知 y_k 就是辨识出 x 的所属分类。

5.2.3　SVMR 方法

SVMR 方法是基于统计学习理论(statistical learning theory, STL)的一种新的学习方法，可以用于数据的回归拟合。它基于结构风险最小化准则的学习机器[197]，

在解决有限样本学习问题方面具有很好的泛化能力。因此，SVMR 方法与同类方法相比较，如灰色模型、函数拟合等，其显示的回归拟合结果往往更佳[198]。有很多学者对 SVMR 的应用进行了研究，例如，章光等[199]通过 SVMR 预测出爆破振速；Fang 等[200]利用 SVMR 完成某 600MW 汽轮机转子应力修正系数的建模计算。

1. SVMR 数学模型

SVMR 数学模型构建的基本思想是寻找一个最优超平面，满足所有训练样本与此最优平面间具有最小误差，借助 SVMR 统计学习理论来具体实现[201]。

训练集：

$$\left\{(x_1,y_1),(x_2,y_2),\cdots,(x_m,y_m)\right\}\in(R,R) \tag{5-4}$$

在高维特征空间中，把非线性问题通过构造优化超平面变为线性问题，建立的线性回归函数如下：

$$f(x)=w\cdot\varphi(x)+b \tag{5-5}$$

式中，w 表示权重向量；$\varphi(x)$ 表示非线性映射函数；b 表示偏置项。

通过 ε 线性不敏感损失方程 $L\left(f(x),y,\varepsilon\right)$ 表征函数的误差大小：

$$L\left(f(x),y,\varepsilon\right)=\begin{cases}0, & \left|y-f\left(x\right)\right|\leqslant\varepsilon\\ \left|y-f\left(x\right)\right|-\varepsilon, & \left|y-f\left(x\right)\right|>\varepsilon\end{cases} \tag{5-6}$$

式中，y 是真实值；$f\left(x\right)$ 是预测值；当满足 $\left|y-f\left(x\right)\right|\leqslant\varepsilon$ 时，得到损失为零。

按照结构风险最小化原理，引入松弛变量 ξ_i、ξ_i^* 后得到式(5-7)：

$$\begin{aligned}&\min\frac{1}{2}\|w\|^2+C\cdot\sum_{i=1}^{m}\left(\xi_i+\xi_i^*\right)\\&\text{s.t.}\begin{cases}y_i-w\cdot\varphi\left(x_i\right)-b\leqslant\varepsilon+\xi_i,\\-y_i+w\cdot\varphi\left(x_i\right)+b\leqslant\varepsilon+\xi_i^*, & i=1,2,\cdots,m\\ \xi_i\geqslant 0,\xi_i^*\geqslant 0,\end{cases}\end{aligned} \tag{5-7}$$

式中，C 表示惩罚因子。

核函数类型选取径向基函数，即 RBF 核函数。通常，RBF 核函数所对应的测试集的预测正确率高且模型泛化能力强，故其对应的模型性能也最优。

$$K\left(x_i,x_j\right)=\varphi\left(x_i\right)\cdot\varphi\left(x_j\right) \tag{5-8}$$

引入拉格朗日函数并转换为对偶形式，同时导入算子 a、a^*，得到式(5-9)：

$$\max_{a,a^*}\left\{\sum_{i=1}^{m}\left[y_i\cdot(a_i-a_i^*)\right]-\frac{1}{2}\sum_{i,j=1}^{m}\left[(a_i-a_i^*)\cdot(a_j-a_j^*)\cdot K(x_i,x_j)\right]-\varepsilon\sum_{i=1}^{m}(a_i+a_i^*)\right\}$$

$$\text{s.t.}\begin{cases}\sum_{i=1}^{m}\left(a_i-a_i^*\right)=0\\ 0\leqslant a_i\leqslant C\\ 0\leqslant a_i^*\leqslant C\end{cases}\tag{5-9}$$

计算最优偏置项 b^* 和最优权值 w^*：

$$\begin{aligned}b^*=&\left\{\sum_{0<a_i<C}\left\{y_i-\sum_{x_i\in\mathrm{SV}}\left[\left(a_i-a_i^*\right)\cdot K\left(x_i,x_j\right)\right]-\varepsilon\right\}\right.\\&\left.+\sum_{0<a_i<C}\left\{y_i-\sum_{x_j\in\mathrm{SV}}\left[\left(a_j-a_j^*\right)\cdot K\left(x_i,x_j\right)\right]+\varepsilon\right\}\right\}\frac{1}{N_{\mathrm{nsv}}}\end{aligned}\tag{5-10}$$

$$w^*=\sum_{i=1}^{m}\left[(a_i-a_i^*)\cdot\varphi(x_i)\right]\tag{5-11}$$

式中, SV 表示支持向量(support vector)；N_{nsv} 表示支持向量个数(number of support vector)。

因此，得到 x 的非线性函数为

$$f(x)=\sum_{i=1}^{m}\left[(\overline{a}_i^+-\overline{a}_i^-)\cdot K(x_i,x)\right]+b\tag{5-12}$$

2. 模型构建与优化

载荷作用下的转子系统，其信号幅值和载荷的大小之间存在某种依赖关系。载荷幅值的定量辨识就是建立信号输入与载荷幅值输出的支持向量机回归模型，然后使用训练后的学习器，对于输入值给出预测的输出值。这里，通过编程构建转子系统载荷定量辨识 SVMR 模型，从而进行训练与预测。

转子系统动态载荷定量辨识 SVMR 模型的算法流程如图 5-2 所示。

SVMR 模型的算法流程沿左边列项，自上而下顺序进行。将作为待处理的自变量和因变量抽象成数学描述，它们两者之间由于转子系统物理结构特性而存在必然的相关性。通过训练数据构建系统模型，再通过模型实现变量的拟合预测。流程的右边列项中，上面的文本框表示将不同的载荷激励与对应融合信息作为模型的原始数据；下面的文本框表示对模型关键参数进行优化，这是因为关键参数取值的优劣常常直接决定了模型设计是否成功，SVMR 模型的关键参数指惩罚参数 c 和核函数参数 g，不良的参数选取会使模型辨识误差过大。

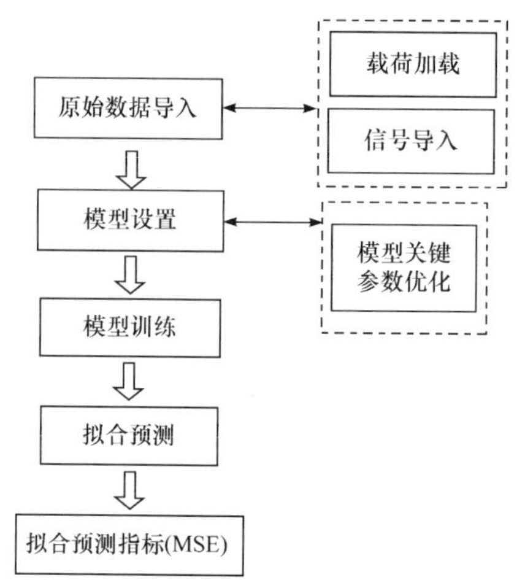

图 5-2　转子系统动态载荷定量辨识 SVMR 模型的算法流程

通过依照大边界寻优、多次比较、经验判断能够最终确定最优值，从而改进与优化关键参数，大幅提高模型的辨识精度。这里选择交叉验证(cross validation, CV)法中的K-CV 算法来编程，从而选择预测模型惩罚参数c和核函数参数 g 的最佳取值。K-CV 算法是网格搜寻的全局优化方法，可以很好地防止模型欠学习和过学习情况的出现，能更好地提升 SVMR 模型的性能。需要注意的是，对应最高验证准确率(全局最优解)，当产生多组c 、g时，为防止 SVMR 泛化能力降低，需要避开过大的c值。因此，取值时，一般都取最小c值对应的那组；如果某个c值遇到多组g值，则取第一组[202]。

5.3　载荷定性辨识

5.3.1　确定特征属性

本节针对中速转子系统共开展6轮 24 次加载试验。所施加的载荷类型分别是稳态载荷、线性载荷、冲击载荷和简谐载荷。选取其中的 12 次试验数据(振动信号和电机电流信号)作为训练样本，即四类载荷，每类对应三种不同的试验参数。首先根据前面介绍的 SVD 方法和 WPA 方法进行信号处理，提取信号特征值。举例说明，分别施加大小为80N·m的稳态载荷与冲击载荷，则对其响应信息(振动与电机电流)进行预处理后的结果如图 5-3～图 5-6 所示。图 5-3 和图 5-4 为 SVD 后的处理结果，图 5-5 和图 5-6 为全部预处理完毕后的结果。

由图 5-3～图 5-6 可知，这些能量图的形态各异，而电流分布图也有别于振动分布图。这说明可以利用 FI 方法集成两类信息，使两者有机互补，提升信号的整体效能。

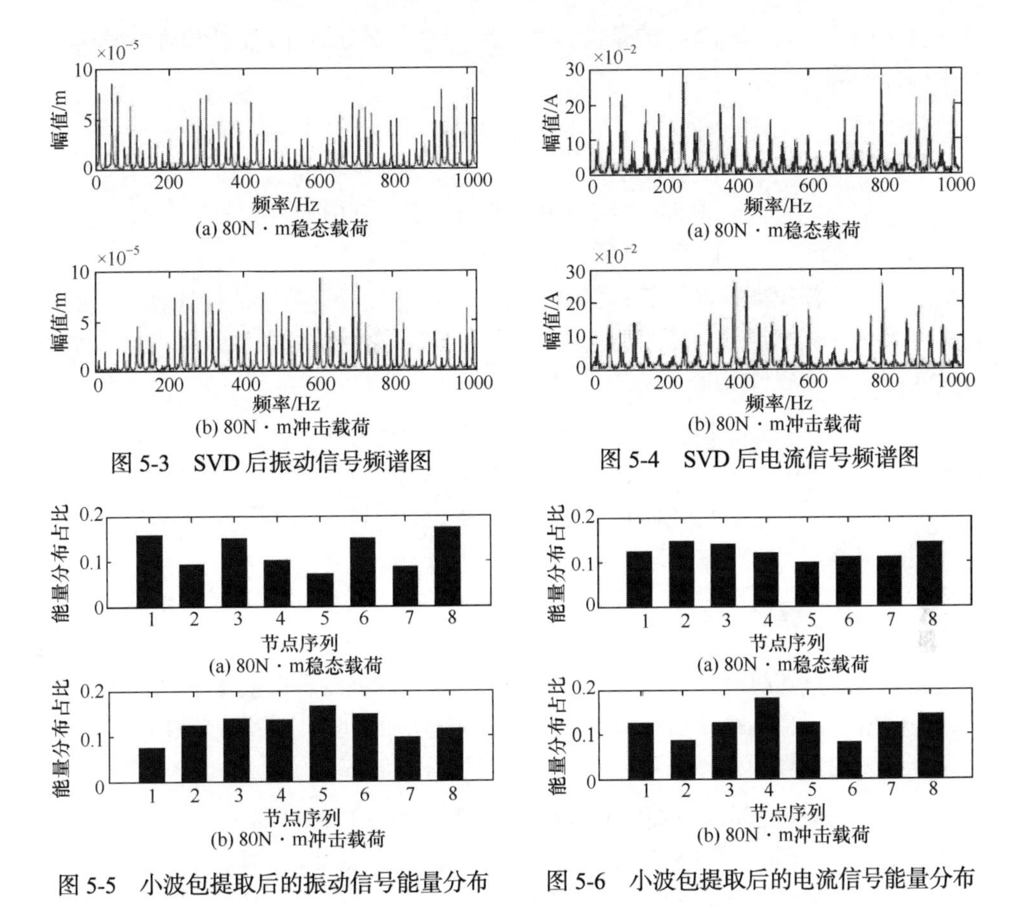

图 5-3　SVD 后振动信号频谱图

图 5-4　SVD 后电流信号频谱图

图 5-5　小波包提取后的振动信号能量分布

图 5-6　小波包提取后的电流信号能量分布

根据各自样本信号的特征，电机电流信号选取 a_1、a_2 两个特征，振动信号选取 a_3、a_4 特征，如表 5-1 所示。各特征的属性区间也在表 5-1 中列出。

表 5-1　信号特征属性

信号来源	特征	含义	属性区间
电机电流	a_1	最大节点能量值/最小节点能量值	$\{a \leqslant 1.7;\ 1.7 < a < 2.0; a \geqslant 2.0\}$
	a_2	节点 2 和节点 3 能量值之和	$\{a \leqslant 0.22;\ 0.22 < a < 0.25; a \geqslant 0.25\}$
振动	a_3	节点 5 与节点 6 能量值之比	$\{a \leqslant 1.05;\ 1.05 < a < 1.34; a \geqslant 1.34\}$
	a_4	最大节点能量值/最小节点能量值	$\{a \leqslant 1.74;\ 1.74 < a < 2.40; a \geqslant 2.40\}$

5.3.2　贝叶斯估计

首先，对电流信息进行贝叶斯估计计算，该矩阵由两组条件概率组成。在四类载荷作用下，特征属性 a_1 的条件概率表示为左半部分矩阵，特征属性 a_2 表示在右半部分矩阵：

$$\begin{bmatrix} 1 & 0 & 0 & 0 & 0 & 1 \\ 0 & 0.67 & 0.33 & 1 & 0 & 0 \\ 0.33 & 0.67 & 0 & 0.33 & 0 & 0.67 \\ 0 & 0.67 & 0.33 & 0 & 1 & 0 \end{bmatrix}$$

其次，进行拉普拉斯校准运算；接着，对振动信息进行贝叶斯估计计算，该矩阵也由两组条件概率组成。在四类载荷作用下，特征属性 a_3 的条件概率表示为左半部分矩阵，特征属性 a_4 表示在右半部分矩阵：

$$\begin{bmatrix} 1/9 & 5/9 & 1/3 & 4/9 & 2/9 & 1/3 \\ 4/9 & 1/3 & 2/9 & 4/9 & 4/9 & 1/9 \\ 2/3 & 1/9 & 2/9 & 2/9 & 2/3 & 1/9 \\ 7/9 & 1/9 & 1/9 & 1/9 & 7/9 & 1/9 \end{bmatrix}$$

5.3.3 载荷辨识结果

测试样本是随机选取的另一半试验数据。本节以定性辨识80N·m稳态载荷为例，说明融合信息的载荷辨识方法。将该载荷对应的电流与振动信号作为输入，在完成前述的信号预处理流程后，其节点能量分布如下：

$$\{0.133,0.112,0.149,0.107,0.137,0.121,0.117,0.124\}$$
$$\{0.141,0.089,0.150,0.132,0.113,0.097,0.104,0.174\}$$
$$\{0.156,0.111,0.135,0.086,0.137,0.101,0.105,0.171\}$$
$$\{0.126 ,0.148,0.141,0.120,0.111,0.100,0.110,0.144\}$$

同时得到

$$a_1=1.48,\quad a_2=0.29,\quad a_3=1.22,\quad a_4=1.79$$
$$P(x\mid B=\text{稳态})=0.98\times0.98\times5/9\times2/9=0.1185679$$
$$P(x\mid B=\text{冲击})=0.02\times0.01\times1/3\times4/9=0.0000296$$
$$P(x\mid B=\text{简谐})=0.33\times0.67\times1/9\times2/3=0.0163778$$
$$P(x\mid B=\text{线性})=0.02\times0.01\times1/9\times7/9=0.0000173。$$

由于四类载荷训练数目相同，所以 $P(B=\text{稳态})=P(B=\text{冲击})=P(B=\text{简谐})=P(B=\text{线性})$。

根据 5.2.2 节中 $P(y_k|x)$的求解算法，得 $\max\{P(B=\text{稳态}\mid x), P(B=\text{冲击}\mid x), P(B=\text{简谐}\mid x), P(B=\text{线性}\mid x)\}=P(B=\text{稳态}\mid x)$，由此，均能够通过这两类响应信息，定性地辨识出载荷类型为“稳态”。与该载荷激励的实际试验类型一致。

作为融合信息方法的对比，还利用这两类单源信号分别进行了 80N·m 稳态载荷的辨识，其结果是：基于电流信息的载荷类型辨识准确，显示“稳态”，即 $P(x|B=稳态)$ 最大；而基于振动信息的载荷类型辨识失败，显示“冲击”，即 $P(x|B=冲击)$ 最大。

同理，对 12 个测试样本进行类型辨识，结果显示能够完全辨识测试样本，表明在载荷定性辨识问题上，融合信息方法往往比单源信息的可靠度更高。同时，需要说明的是，由于训练样本与测试样本非重合，此时呈现出较好的泛化性能。另外，这里选择的测试样本数目不多，一定程度上存在对于其他测试样本误判的可能。

5.4　载荷定量辨识

本章中速转子系统 SVMR 载荷定量辨识思想与第 4 章中的构思有某些相通之处，即简谐载荷的辨识通过幅值、频率分别考量；其他类型载荷通过幅值大小进行回归预测。在通过 SVMR 分别进行电流信号与振动信号载荷辨识的基础上，针对待辨识参数，在两种方法的结果中进行融合优选。

5.4.1　模型构建

本节选取 10 组不同幅值的稳态载荷，并采集中速转子系统在其作用下的响应信息。取振动信号和电流信号的最大值点为特征点，组成训练样本，如表 5-2 所示。

表 5-2　训练样本数据

载荷值 /(N·m)	振动信号样本 /10^{-3}m	电流信号样本 /A	载荷值 /(N·m)	振动信号样本 /10^{-3}m	电流信号样本 /A
0	1.161	4.080	45	1.190	14.801
5	1.162	4.903	55	1.208	18.434
15	1.166	6.897	65	1.235	22.517
25	1.172	9.006	75	1.285	27.322
35	1.179	11.507	85	1.426	33.182

这里，核函数类型选择径向基核函数 $K(x,y)=\exp(-\lambda\|x-y\|^2)$，通过利用支持向量机回归原理训练原始样本，可以分别建立振动信号、电流信号与载荷之间的关系模型。然后，针对测试样本， SVMR 就可以用于载荷的定量辨识。值得一提的是，构建 SVMR 时，它的核心参数设置也很重要，下面对此进行相关阐述。

5.4.2　关键参数优化

以电机电流模型为例进行优化，振动模型同理。为节省计算运行时间，可以限定不同区间范围逐步寻优，分别进行参数优化粗选、参数优化精选。此处先在大范围区间 $2^{-8}\sim2^{8}$ 内粗略优化，使得参数 c、g 寻优。图 5-7 为 K-CV 方式下 c、g 参数粗选等高线图。设图 5-7 中水平轴为 x 轴方向，该轴表示 c 取 2 为底的对数；设垂直轴为 y 轴方向，该轴表示 g 取以 2 为底的对数；等高线表示 K-CV 方法计算过程中，随 x 轴与 y 轴方向上取值变化而相应变化的均方误差曲线族，且每条曲线上标示有对应的 MSE 值。在整个坐标区域上，等高线主要分布在左侧与水平中部两个区域。而在 $x[0,3]$与 $y[-1,1]$、$x[6,8]$与 $y[-3,0]$以及 $x[0,2]$与 $y[7.5,8]$所构成的区域内，等高线的分布尤为密集，多条曲线密排汇聚成条带状。在 $x[-8,-4]$区域，各曲线分布的间距拉大，近似均匀布满该区域，各线条表现也更清晰。整体上看，等高线族基本是沿以 $y = 0$ 为对称轴线，MSE 值由外向里、由右向左逐渐递减，直至逼近于 0。运算结果得 best$c$=0.0039063，bestg=256，CVMSE=0.12521，即在点(−8, 8)处有最小误差值，对应 c 与 g 为参数粗选最优值。

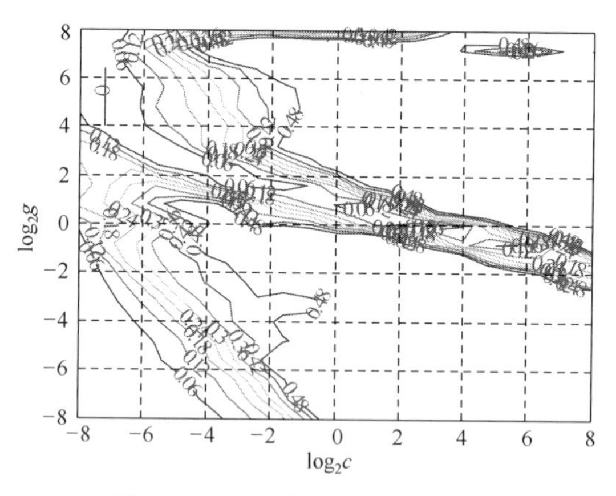

图 5-7　K-CV 参数粗选等高线图

图 5-8 为图 5-7 对应的参数粗选三维立体效果图，表示 MSE 值立体分布，其中用空间高度方向表示 MSE，水平面内坐标系与图 5-7 一致。图中，三维线条在空间垂直方向上对应不同的 MSE 值。MSE 值起伏变化，整体呈现波浪形起伏的瀑布状三维形态。在 $x[0,8]$区域，MSE 值基本处于高位，以大误差值居多，波动幅度相对稳定；在 $x[-8,0]$区域，沿 x 轴负方向，三维图形逐渐呈大斜率倾斜趋势，即 MSE 值正在快速优化减小至逼近于 0；最后误差最低点落到点(−8, 8)处，此时斜坡最接近零点平面，对应 c 与 g 取得粗选最优值。同理，在较小范围区间 $2^{-4}\sim2^{4}$ 内精细优化，选择 c、g 的最佳参数，得到 best$c$=0.0625，bestg=0.0625，CVMSE=0.12518。

图 5-9 为 K-CV 方式下 c、g 参数精选等高线图；图 5-10 是其对应的参数精选三维立体效果图。精选后，MSE 值进一步减小，并最终获得 c、g 精选最优值。

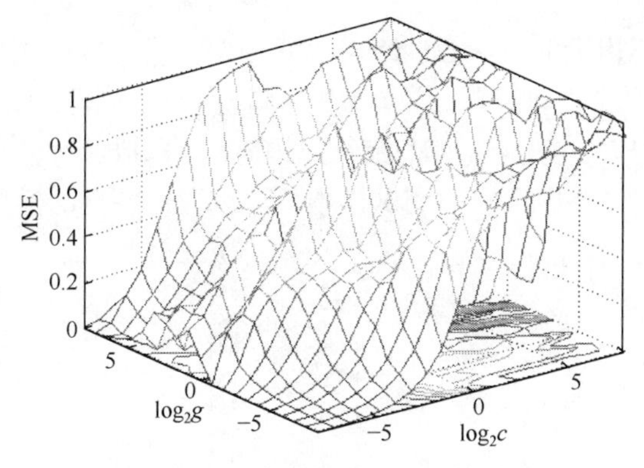

图 5-8　K-CV 参数粗选三维立体效果图

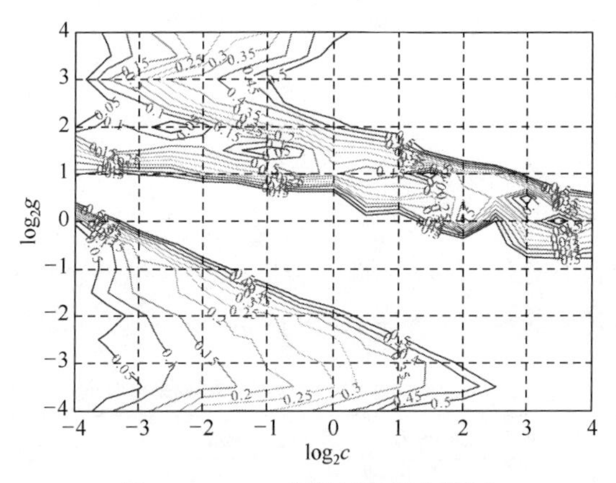

图 5-9　K-CV 参数精选等高线图

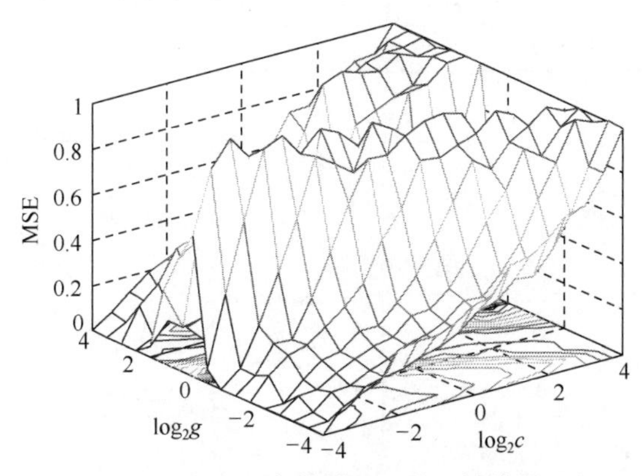

图 5-10　K-CV 参数精选三维立体效果图

5.4.3　载荷辨识结果

1. 幅值预测

图 5-11(a)中，利用优选的参数训练 SVMR 模型，通过加载激励量值与对应的振动响应信息特征点幅值，可以拟合出一个最优回归超平面。同理，图 5-11(b)表示，通过加载激励量值与对应的电流响应信息特征点幅值，可以拟合出它的最优回归超平面。对于电流或振动信号幅值组成的测试样本，可以通过各自的模型预测载荷幅值。

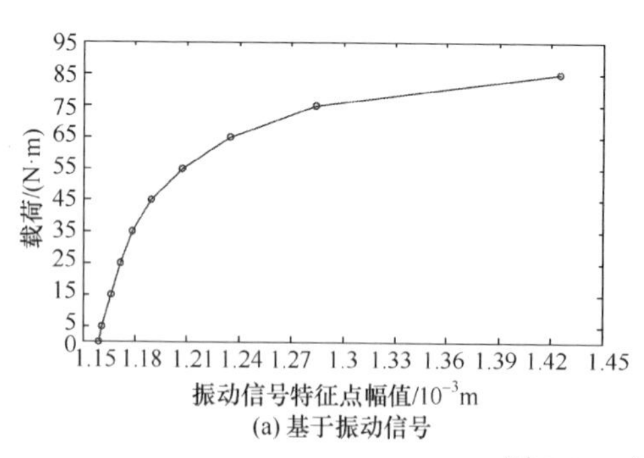

(a) 基于振动信号

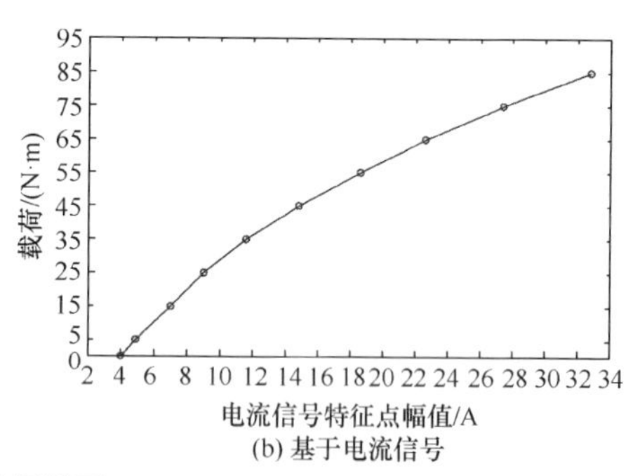

(b) 基于电流信号

图 5-11　最优超平面

2. 载荷辨识

将两类信息辨识结果融合优选处理，载荷定量辨识结果如表 5-3 所示。各类载荷的辨识曲线见图 5-12～图 5-15，同时在图中分别给出了相应的载荷实际曲线作为对照。

表 5-3　使用融合技术对四类载荷的辨识

稳态载荷的辨识值/(N · m)	40.20	40.22	39.65	40.22	40.33	40.70	39.66	40.27
冲击载荷的辨识值/(N · m)	−1.48	1.22	3.58	18.99	43.37	14.40	1.04	−1.30
线性载荷的辨识值/(N · m)	30.19	31.47	32.85	34.03	35.30	36.32	38.24	39.13
简谐载荷的辨识值/(N · m)	51.51	30.39	a=10.56, b=40.95				f=2.05Hz	

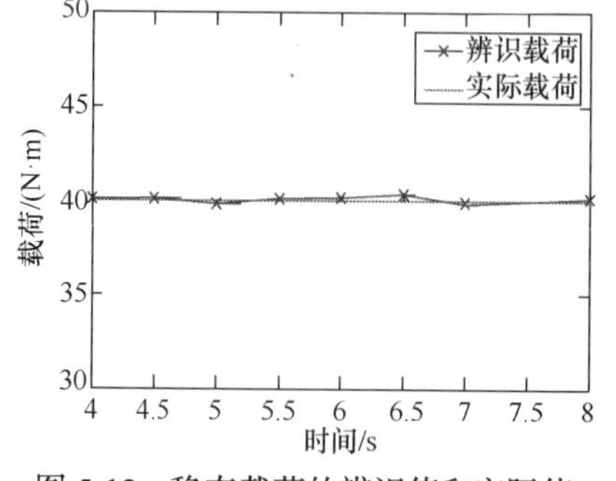

图 5-12　稳态载荷的辨识值和实际值

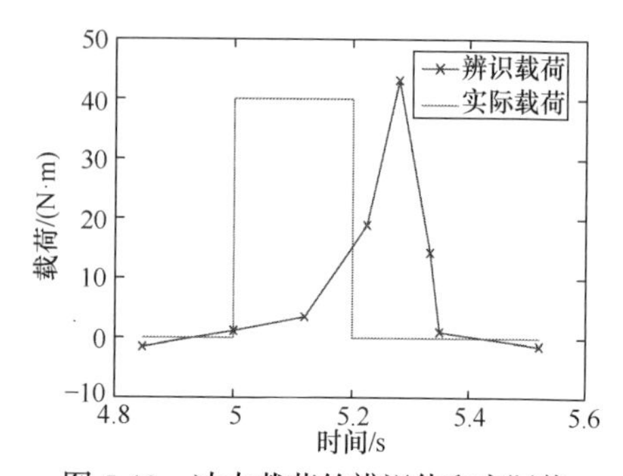

图 5-13　冲击载荷的辨识值和实际值

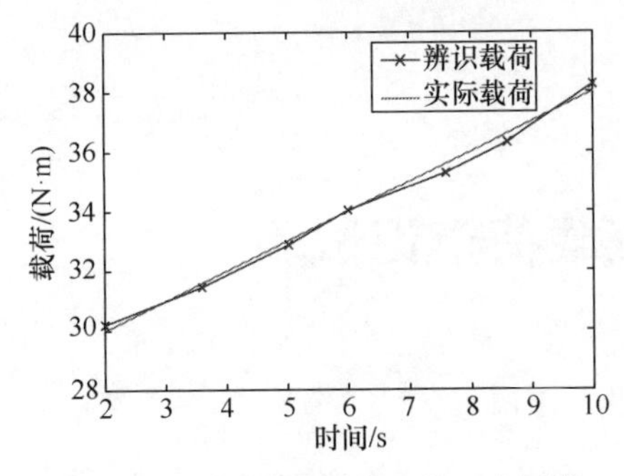

图 5-14　线性载荷的辨识值和实际值

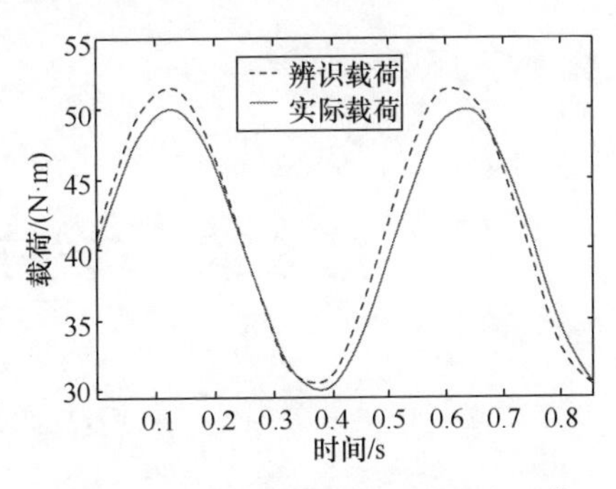

图 5-15　简谐载荷的辨识值和实际值

5.5　小　结

本章基于融合信息技术进行转子系统试验激励载荷的定性与定量辨识方法研究，主要研究内容与结论如下。

(1) 针对不同类型的载荷激励，提出了基于贝叶斯估计的转子系统载荷定性辨识方法。首先将振动与电机电流实测响应信息转化到频域后采用 SVD-WPA 方法进行预处理；然后采用特征级融合中的贝叶斯估计方法分别对预处理后样本进行概率计算，从而成功辨识出转子系统的载荷类型。

(2) 提出了一种基于融合信息的转子系统载荷定量辨识 SVMR 方法。首先分别基于单源信息，根据转子系统的动态激励和对应的信息响应特征点，构建优化的转子系统动态载荷定量辨识 FI&SVMR 关系模型，进而回归出转子系统的载荷激励；然后对两类结果进行融合信息优选，获得的辨识结果显示效果优良，满足实际辨识的需要。

第 6 章　转子系统载荷辨识试验

6.1　引　　言

前述各章以转子系统为研究对象，针对状态监测、载荷定性辨识、载荷定量分析等问题展开相关理论研究。本章着重说明研制与搭建的中速转子系统试验台与低速转子系统试验台。

中速载荷辨识试验台是以典型转子系统为基本结构的试验台，代表转子系统的基本特征。本书的中速台转子额定转速为 1480r/min，该运行时速在转子系统设备中应用较为广泛，具有较强的工程实际价值；同时为了区别于特殊超高速运转的转子，这里以“中速”命名。低速载荷辨识试验台是以整台机械设备中的核心部件为转子系统基本结构的试验台，体现了试验研究的实用性。本书中低速载荷辨识试验台转子额定转速为 42r/min，该时速在许多大型工矿转子设备中应用较多，如掘进机、提升设备等，也代表相当一类特点的转子装备，具有特别的研究意义。

本章根据研究任务，设计试验方案并完成相关试验，对真实加载运行的振动与电机电流信息进行采集与分析，对所提出的信号分析与载荷辨识方法提供了试验验证。

6.2　载荷辨识试验台搭建

6.2.1　试验台结构设计

1. 中速试验台结构设计

本书是针对一般意义转子系统的研究，为模拟更真实工况，同时结合试验方案需求，研制了基于振动与电机电流信号的转子系统载荷辨识专用试验台。图 6-1 给出了载荷辨识试验台的设计原理图和试验台主体部分的现场实拍照片。在转子系统试验台上进行多种类型载荷的辨识试验。通过设计控制转子系统上的五种类型动态扭矩负载，模拟转子系统正常运转与施加载荷的情景状态；通过给转子系统布置电涡流位移传感器及变频柜中安装互感器，成功采集了试验台不同受载状态下的振动与电机电流信号。

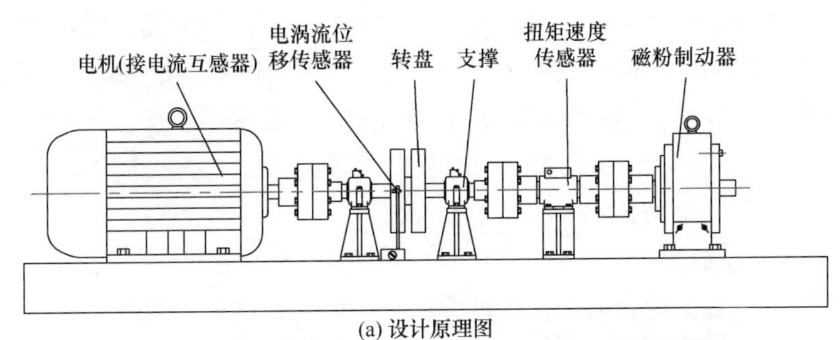

(a) 设计原理图

(b) 载荷辨识试验台主体部分

图 6-1　中速转子系统载荷辨识试验台

该试验台的设计构成包括：机械单元、扭矩激励单元、变速单元和信号测试单元。机械单元由三相异步电机拖动转子系统机械部分旋转。根据试验要求，设计选取电机的驱动功率为 55kW，额定转速为 1480r/min，以深沟球轴承 6308 为支撑。扭矩激励单元通过专业控制板卡和磁粉制动器为转子系统提供不同类型和大小的动态扭矩加载，同时注意扭矩程控系统中的磁粉制动器连续使用时间不超过 5min。变速单元由变频器及其辅助元件组成，设计了两套控制线路，实现了手动与自动控制调速。信号测试单元主要由电涡流位移传感器、互感器、信号采集设备与软件等组成，对转子系统的转盘振动进行位移与电机电流信号监测，采样频率为 2048Hz。试验中，在不同类型动态载荷激励条件下，开展其振动与电机电流信号的测试与分析。

2. 低速试验台结构设计

低速转子系统设备主要由驱动装置电机、减速机构、转子系统等组成。试验台设计主要由低速转子机械单元、扭矩激励单元和信号测试单元三部分组成。低速转子机械单元主要由三相异步电机拖动滚筒转子与主轴旋转，两者中间经减速箱(减速比为 12)降速传递动力。根据试验要求，设计选取电机的驱动功率为 37kW，电机标称电流为 71A，转子额定转速为 42r/min。扭矩激励单元通过专业控制板卡和磁粉制动器为转子系统提供不同类型和大小的动态扭矩加载。同时注意扭矩程控系统中的磁粉制动器保持接通冷却水，连续使用时间不超过 5min，以防止制动器过热而影响其性能。信号测试单元主要由加速度传感器、互感器、信号采集设备和软件等组成，对转子系统振动与电机电流进行振动监测。选用 INV3060 信号采集仪，其采样频率为 2048Hz。

图 6-2 给出了载荷辨识试验台的设计原理图和试验台主体部分的现场实拍照片。

在此转子系统试验台上进行多种类型载荷的辨识试验。通过设计控制转子系统中五种类型动态扭矩负载，模拟了低速转子系统正常运转与施加载荷的情景状态；通过给低速转子系统布置加速度传感器和安装互感器，成功采集了试验台不同受载状态下的振动与电机电流信号。

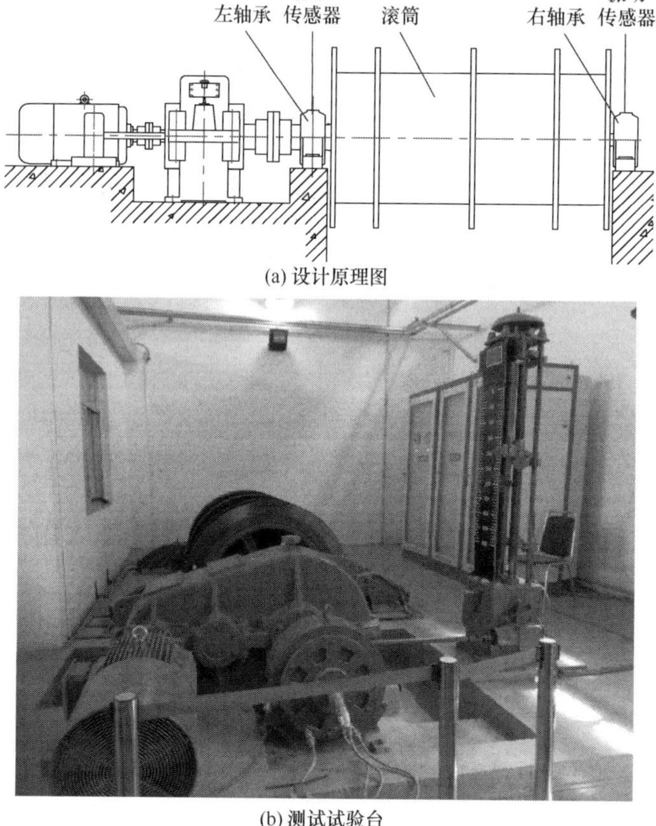

(a) 设计原理图

(b) 测试试验台

(c) 中控室

图 6-2　低速转子系统载荷辨识试验台

6.2.2　试验台控制系统设计

1. 运行速度控制

变频器及辅助部件构成了通过频率改变来调节速度的系统。

电位器不仅能实现频率人为调控，还能控制设备的起停，并可实现特定频率工作等操作。

因为要研究旋转机械系统在工频条件下的规律，同时保障旋转机械系统的稳定运行，所以专门设置有设备启动互锁环节，即动力电经变频器变频后输送到电机，待电机转速提起并稳定后，转由工频电路自动控制其运转。选用的 ACS510 型变频器如图 6-3 所示。

图 6-3　ACS510 型变频器

同时，变速单元还设计配备了电机综合保护器，如图 6-4 所示。这里选择的仪器型号为 JD-6 型，其具有预防电机短路、过载等情况的性能，很大程度上保障了电机的运行安全。

2. 载荷激励控制

转子系统的外加载荷是通过安装在主轴端部位置的磁粉制动器来加载实现

的，因为输出扭矩与激磁电流之间存在正比例的线性关系。这里，中速转子系统试验台选择的是 CZ-50 型磁粉制动器，低速转子系统试验台选择的是 CZ-200 型磁粉制动器。

图 6-4　电机综合保护器

而对于外载荷的加载类型与具体参数的控制，则需要制动器控制器与控制板卡联合实现，通过它们能够获得制动器的精确加载。连接制动器与控制器，通过调节控制器输出电流值的大小，来相应调节磁粉制动器的输出扭矩。此处，制动器控制器选取 WLK-3A 型，如图 6-5 所示。

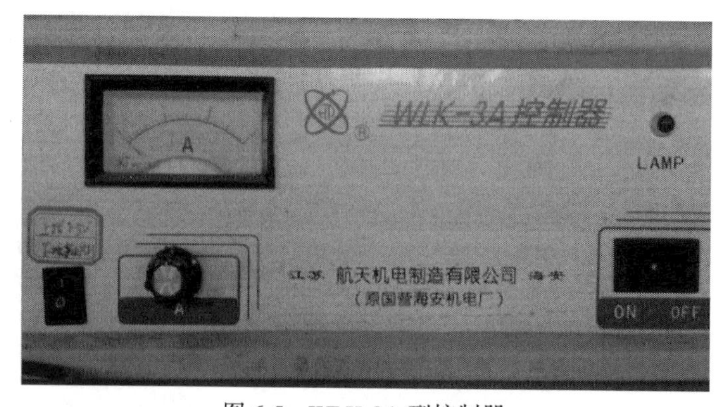

图 6-5　WLK-3A 型控制器

图 6-6 为试验选用的 PCI-1721 板卡，利用板卡可以通过设定特定的参数产生不同类型的信号输出。图 6-7 为程控系统加载界面，用来实现载荷参数的设定与实施。

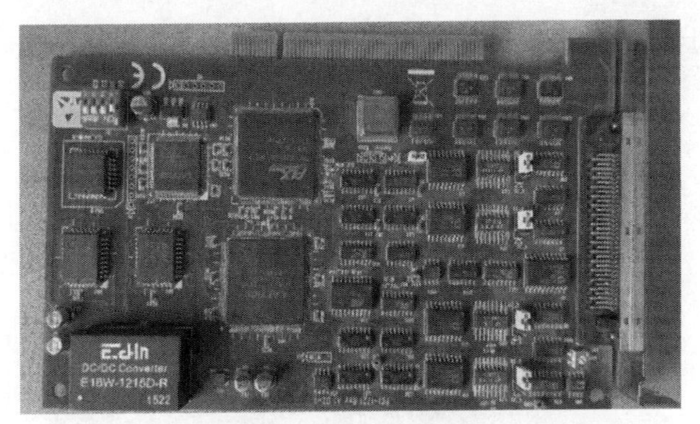

图 6-6 PCI-1721 板卡

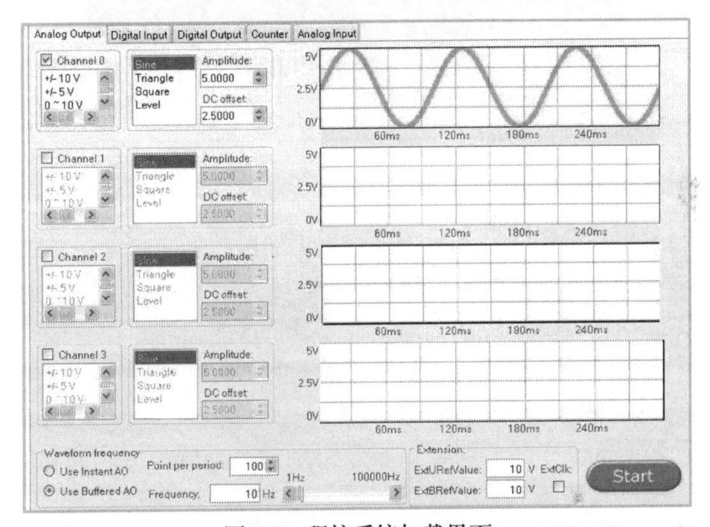

图 6-7 程控系统加载界面

为验证程控系统加载的准确性，特在转子系统主轴上安装 ORT-803 数字扭矩传感器，如图 6-8 所示。通过监测其扭矩信号可验证控制加载系统的有效性。

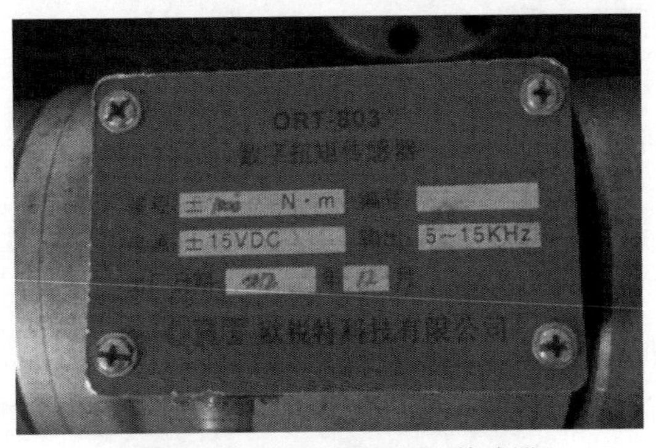

图 6-8 ORT-803 数字扭矩传感器

同时，试验试测与调试时，利用示波器监测与评估响应信号的正确性，如图 6-9 所示。

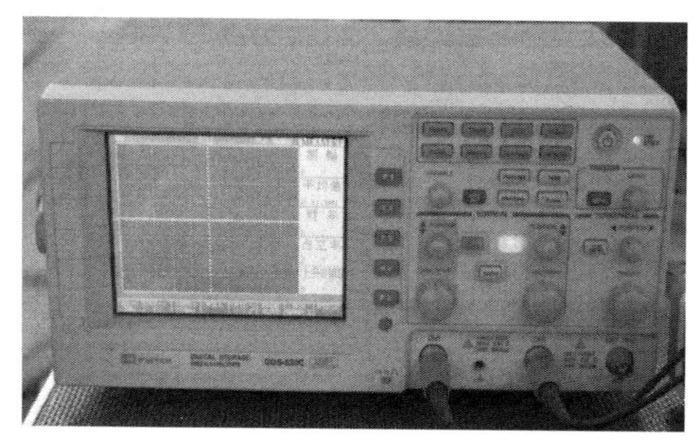

图 6-9　示波器监测信号

6.2.3　试验台测试系统设计

1. 振动信息测试

弯曲振动测量通过为转子系统安装三向振动传感器实现，由于转子系统中扭转振动有时不很明显，对其监测也较少，故需要专门的方法与仪器实现。1.3.3 节介绍了扭转振动信号的测量方法动态。综合分析这些监测手段，最终选择了较适合的脉冲式，它可以在转子系统正常工作的同时进行在线监测[13]。

1) 扭转振动监测原理

扭转振动监测的三个核心组成仪器分别为 3ACC-1ACC+超高动态采集仪、专用测量码盘和磁电式传感器。

图 6-10 为扭转振动在线监测系统原理。

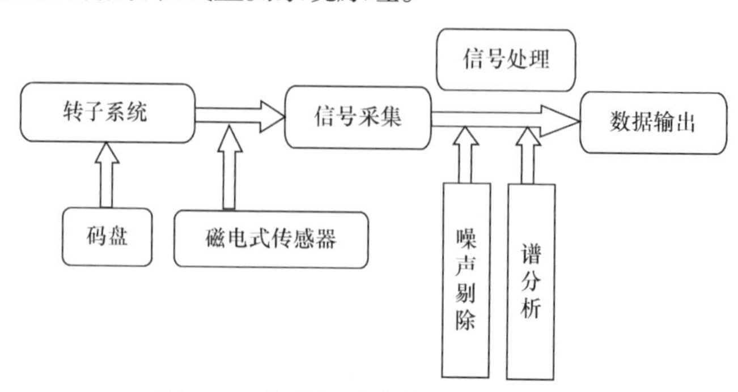

图 6-10　扭转振动在线监测系统原理

当转子旋转时，通过热装到主轴上的设计码盘，磁电式传感器可以测量码盘上的均布齿，从而得到转子系统的扭振信息。信号采集后，还可以择情进行相关的噪声剔除等处理。

2) 磁电式传感器

利用非接触脉冲式方法，对转子系统扭转振动信号进行监测。具体途径就是通过磁电式传感器进行振动信息的采集，测试对象是主轴上的码盘等分齿。安放传感器时，注意使测头距离齿侧 0.5～3mm。图 6-11 为脉冲法测量扭转振动示意图。

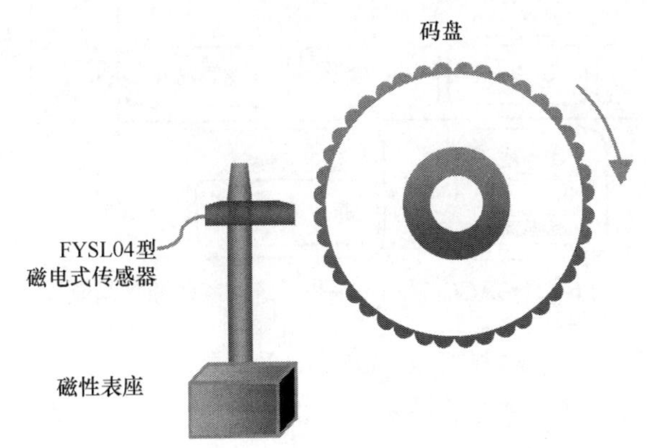

图 6-11　脉冲法测量扭转振动示意图

图 6-11 中，转盘与主轴的转速变化能够反映在采集的电压信息上，通过 FYSL04 型磁电式传感器拾取其变化规律。

当 N 齿码盘的分度齿每转过一个齿时，FYSL04 型磁电式传感器相应地产生一个脉冲信息。转子系统工作时，一旦扭振发生，那么采集到的电压周期也随之改变，而扭振值就等于变化前后的脉冲宽度差值。

转子系统运行的平均速度 ω_c 为

$$\omega_c = \frac{360°}{t} \tag{6-1}$$

转动 n 个齿所用的时间为 t_n，则扭角 θ 的计算公式如下：

$$\theta = \int_0^n (\omega_c - \omega)\mathrm{d}t = \frac{360°}{t_c}\left(t_n - n\frac{t_c}{N}\right) \tag{6-2}$$

3) 专用码盘设计

此处，设计的直齿轮码盘在加工好之后，热装在主轴上，并与主轴一并转动。码盘的材质不适合选择不锈钢材料。码盘设计等分齿越多，实测时的精度就越高；同时传感器的探头也要求比码盘厚度小。码盘自身的加工精度对后续的信号采集具有重要意义，所以这里通过加工中心来保证其制造精良[13]。

4) 超高动态采集仪

图 6-12 给出了 3ACC-1ACC + 采集系统的工作原理与流程。

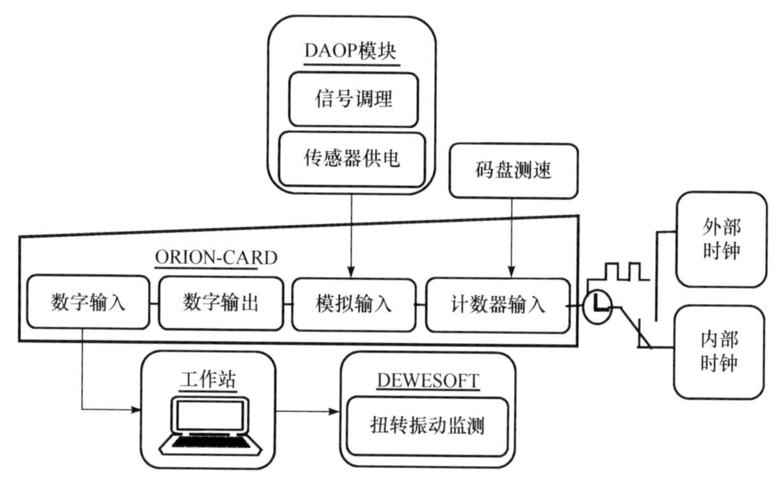

图 6-12 3ACC-1ACC+采集系统的工作原理与流程

该采集仪的每一通道均具有 200kHz 的采样频率，同时独立于通道数。双通道可以实现即时自动输入速度，且有四个电压/IEPE 的输入通道，所以过载或者欠载现象能够得以有效避免，同时能够给传感器供电。

设计硬件的总体原则主要基于脉冲信息原理：在轴承转子系统旋转的同时，系统等分齿发送出的转速指标由磁电式传感器来获取，以获得相邻彼此间距离一致的脉冲信号。另外，需要对系统进行一些设置，即通过转速信号可观测化来显性表达这些拾取到的脉冲信号，并根据情况保持原尺度或者进行放大。

转速周期用 T_r 表示，计数频率用 f_c 表示[13]，则角分辨率可以通过式(6-3)表达：

$$D_n = \frac{1}{n_{\mathrm{DEG}}} = \frac{360}{f_c T_r} = 0.0018(°) \tag{6-3}$$

而该采集设备的内部软件可以减小与抑制传感器本体所产生的误差。

5) 现场信息监测

为了验证旋转机械系统的一般规律，同时更接近于实际工况，这里针对车间里某个旋转机械系统的扭转振动情况进行监测。将某一参数的载荷加载到该旋转机械系统，从而激发其扭转振动现象，然后通过上面的测量手段便可测得扭转振动的角位移值。

2. 电机电流信息测试

通过在试验台变频柜内添加电流互感器和部分线路连接，可以实现电机电流的测量要求。

所用电流互感器如图 6-13 所示。经过电流互感器后，电机电流可以适于采集仪的接入采集。

图 6-13　电流互感器

相关设备和器材如下：

(1) 0.2 级电流互感器三只；

(2) 接线端子，线鼻子，尼龙扎带，电线套管，螺钉；

(3) 可变电阻，通道线，连接电线。

连接方法如下：

(1) 三只电流互感器按照品字形依次排列布置在设备安装架上，并用螺钉固定；

(2) 将三相电源线从变频器上拆下，穿过电流互感器的中心孔，再重新接到变频器上；

(3) 用螺钉把接线端子固定在距离电流互感器 10cm 的位置；

(4) 截取电线 6 段，将它们连接在互感器和端子之间，并套上电线套管(便于找线)，用尼龙扎带绑好固定；

(5) 在接线端子的另一侧连接电线，可变电阻和通道线组成测量电路；

(6) 电流互感器的二次回路要进行接地处理；

(7) 检查整个连接系统，确保连接安全正确并进行运行调试。

3. 传感器选型

综合考虑试验台工况条件、试验需求，选取适合的传感器如表 6-1 所示。其中，振动信号监测时，中速转子系统试验台使用高频 DZ3300 电涡流位移传感器，低速转子系统试验台使用低频 KD1100LCT 加速度传感器进行信号采集。

表 6-1　试验用传感器

名称	型号
电流互感器	LMZ (J)
扭矩速度传感器	ORT-803A-200
电涡流位移传感器	高频 DZ3300
加速度传感器	低频 KD1100LCT
光电传感器	ROS-5
磁电式转速传感器	FYSL04

4. 数据采样设备

扭转振动采集仪采用 DEWESOFT SIRIUS-M 新一代超高动态采集仪,其已在前面进行过介绍。图 6-14 给出了该仪器的外观。此处采用的采样设备是基于分布型网络，支持多种形式的采样信号(如电流、振动信息等)，并可以实现多途径的数据传输(如无线、远程等)。同时，若连接局域网，还支持多个采样设备的并行工作与控制，从而可以实现多个监测目标的同步采样。

图 6-14　INV3060 型信号采集仪

6.2.4　试验方案设计

在研制的两类转子系统载荷辨识专用试验台上依次进行五种载荷类型(冲击、稳态、线性、简谐、暂态)的定性与定量辨识试验。在这五种载荷的分别作用下，开展转子系统振动与电机电流信息的特性研究，通过响应信息辨识所施加载荷的类型与大小，为转子系统载荷辨识和动力学设计提供理论依据。试验方案简介如下：

(1) 运用设定的扭矩程控系统，分别控制两类转子系统磁粉制动器的扭矩载荷输出，实现不同类型扭矩和同一类型不同参数的扭矩加载。

(2) 利用搭建好的试验系统，在每次载荷加载时同步采集振动信号、速度信号和电机的相电流信号，同时记录采样信息。

(3) 针对采集的不同类型载荷下转子系统的各种响应数据信息，选取相应的信号研究方法进行分析。探寻基于旋转机械振动、电流与信息融合的载荷辨识方法，并对辨识载荷与实际载荷进行对照分析。

6.3　中速转子系统载荷辨识试验

为确保试验中振动与电机电流信息的同步获取，在中速转子系统每次载荷加载试验时，同时进行这两种响应信息的采集与记录。

6.3.1　试验内容

试验待测物理量有：中速转子系统的空间 x、y、z 三个互垂方向的位移振动；转盘两侧的扭转振动；电机电流；转轴的转速。

图 6-15 为中速转子系统整体的设备接线示意图。

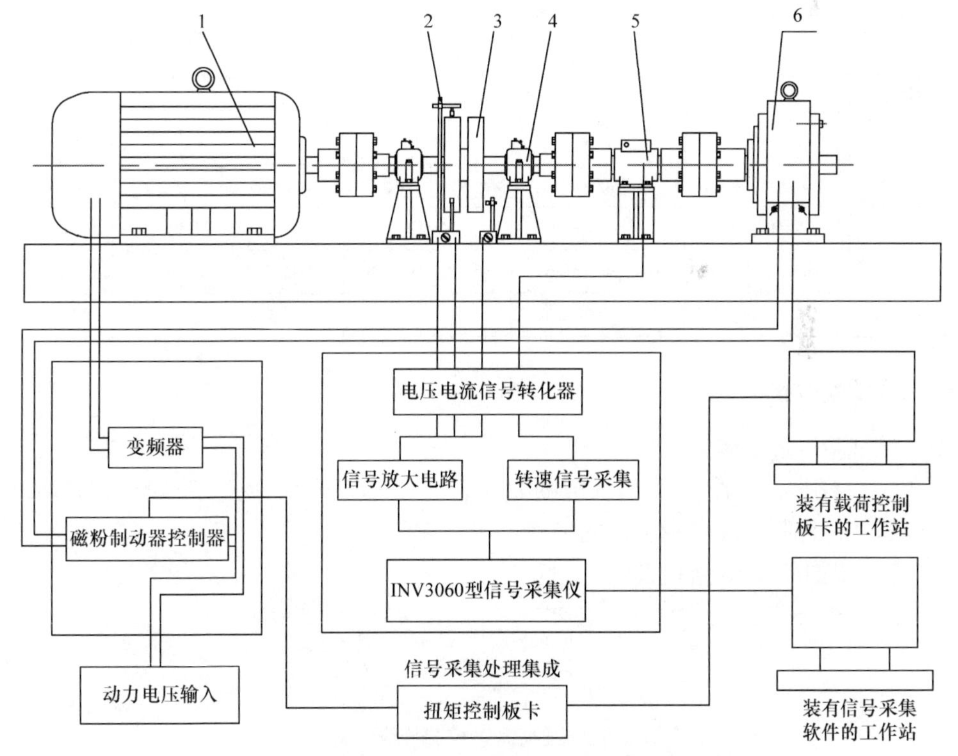

图 6-15　中速转子系统整体的设备接线示意图

1-电机；2-电涡流位移传感器；3-转盘；4-支撑；5-扭矩速度传感器；6-磁粉制动器

试验设计加载的五类载荷类型分别是冲击载荷、稳态载荷、线性载荷、简谐载荷和暂态载荷。当转子系统每次缓慢升速至设计电机的额定转速 1480r/min 后，设备运行的转速保持稳定。此时，将某一载荷通过控制器与磁粉制动器来为转子系统实行加载。依照所设计的试验外载荷的不同类型与参数，分别多次进行系统加载试验，并对转子系统的振动信息和电机电流信息进行同步采样。其中，施加冲击载荷时需保持加载 0.2s；施加暂态载荷时需保持加载 3s。根据实测获得的各类型载荷所引发的相应转子系统振动信号，可以反向辨识原始加载的各载荷类型。

试验加载的各类型载荷量值如表 6-2 所示。表中，M 为加载扭矩，单位为 N · m；t 为时间，单位为 s。

表 6-2　转子系统试验加载载荷

<table>
<tr><td>载荷类型</td><td colspan="8">加载载荷/(N · m)</td></tr>
<tr><td>冲击</td><td>M=20</td><td>M=30</td><td>M=40</td><td>M=50</td><td colspan="4">M=55</td></tr>
<tr><td>稳态</td><td>M=5</td><td>M=15</td><td>M=20</td><td>M=25</td><td>M=30</td><td>M=35</td><td>M=40</td><td>M=45</td></tr>
<tr><td>线性</td><td>M=5t</td><td>M=t+20</td><td>M=t+30</td><td>M= 0.1t+40</td><td>M= 0.1t+50</td><td colspan="3">M= 0.2t+40</td></tr>
<tr><td>简谐</td><td>M=10sin4πt+10</td><td>M=10sin20πt+30</td><td>M= sin4πt+40</td><td>M=sin4πt+60</td><td colspan="4">M=sin10πt+40</td></tr>
<tr><td>暂态</td><td>M=20</td><td>M=30</td><td>M=40</td><td>M=50</td><td colspan="4">M=55</td></tr>
<tr><td>载荷类型</td><td colspan="8">加载载荷/(N · m)</td></tr>
<tr><td>冲击</td><td>M=60</td><td>M=65</td><td>M=70</td><td>M=75</td><td colspan="4">M=80</td></tr>
<tr><td>稳态</td><td>M=50</td><td>M=55</td><td>M=60</td><td>M=65</td><td>M=70</td><td>M=75</td><td>M=80</td><td>M=85</td></tr>
<tr><td>线性</td><td>M= 0.2t+50</td><td>M= 0.5t+50</td><td>M=t+30</td><td>M=t+40</td><td colspan="4">M=t+50</td></tr>
<tr><td>简谐</td><td>M=10sin4πt+40</td><td>M=10sin4πt+60</td><td>M=10sin10πt+40</td><td>M=20sin4πt+60</td><td colspan="4">M=20sin10πt+60</td></tr>
<tr><td>暂态</td><td>M=60</td><td>M=65</td><td>M=70</td><td>M=75</td><td colspan="4">M=80</td></tr>
</table>

6.3.2　试验过程

该试验过程具体如下：

(1) 将用来控制扭矩类型加载的 PCI-1721 板卡插入计算机的插槽内，并调试板卡软件以控制不同参数载荷的加载。

(2) 根据图 6-16 连接设备。

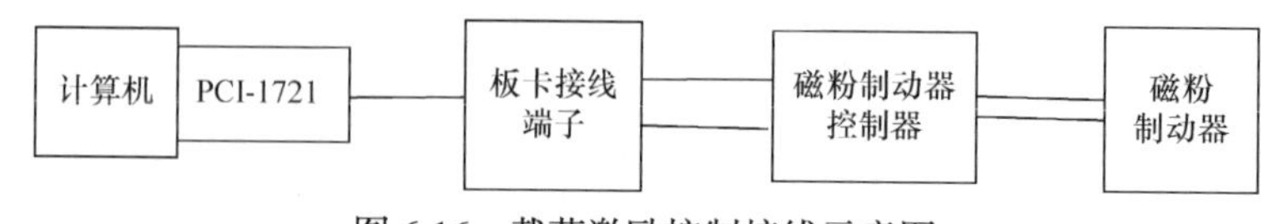

图 6-16　载荷激励控制接线示意图

(3) 将各传感器安放到位，连线端子接入采集仪端口。打开并调试采集仪至正常状态，试采一段信号，核查采集与记录功能。

(4) 按下变频柜“一号启动”按钮变频启动；当转速达到额定转速时，按下“二号启动”按钮切换到二号工频运行。

(5) 转子及配件安装固定正确与否，电源连接正常与否，传感器与采样设备连接与否，制动器与冷却水连接与否，采集信号正常与否等都需要一一进行检查。

(6) 对转子试验设备实行手动与自动结合的启动模式。人工变频开启电机，当其接近额定转速时即可设置成工频自动运行。此时，如果可以在计算机上观察到电机启动时正常电流的波形图，那么就可以进行试验。启动电机的同时开始采集扭矩信号、速度信号和三相电流信号。

(7) 每个类型与参数的载荷均对应实施一次载荷辨识试验。即当转子试验设备的旋转运行速度达到 1480r/min 的额定转速时，可以设置加载单元的载荷参数，通过磁粉制动器为转子系统分别进行各种类型与参数载荷的加载。注意，磁粉制动器连续使用时间不超 5min。载荷的类型分别为冲击、稳态、线性、简谐、暂态，进行振动和电机电流信号的测量。

(8) 试验完毕时，关闭电机电源，同时停止采集信号并留存测试记录。

试验注意事项如下：

(1) 试验时应确认试验系统的各组成部分的工作运转安全可靠，并将转盘保护挡板安装妥当。

(2) 为了避免转子系统过大的惯性，电机必须在常规工频模式工作之前通过手动变频启动，否则容易导致动力电机中的电流剧增而造成电机损毁。

(3) 待转子系统达到额定转速，即切至常规工频自动运行时，方可进行相关的载荷辨识试验。

(4) 为预防磁粉制动器过热现象，使用时应确保冷却水与磁粉制动器的正常连接；同时不应该设计加载量值过大的载荷，且加载时长需控制在 5min 以内。

(5) 为了易于后续的研究与分析，存储测试结果文件的存储地址与文件命名必须确保清晰。

6.4　低速转子系统载荷辨识试验

为确保试验中振动与电机电流信息的同步获取，在低速转子系统每次载荷加载试验时，同时进行这两种响应信息的采集与记录。

6.4.1　试验内容

试验待测物理量有：低速转子系统空间三个互垂方向(水平、垂直及轴向)的振动信息(在滚筒左侧轴承支撑位置)；电机电流信息；试验过程中同时监测滚筒的转速信息。

图 6-17 为在左轴承处设置振动传感器。图 6-18 为低速转子系统整体的设备接线示意图。

图 6-17　在左轴承处设置振动传感器

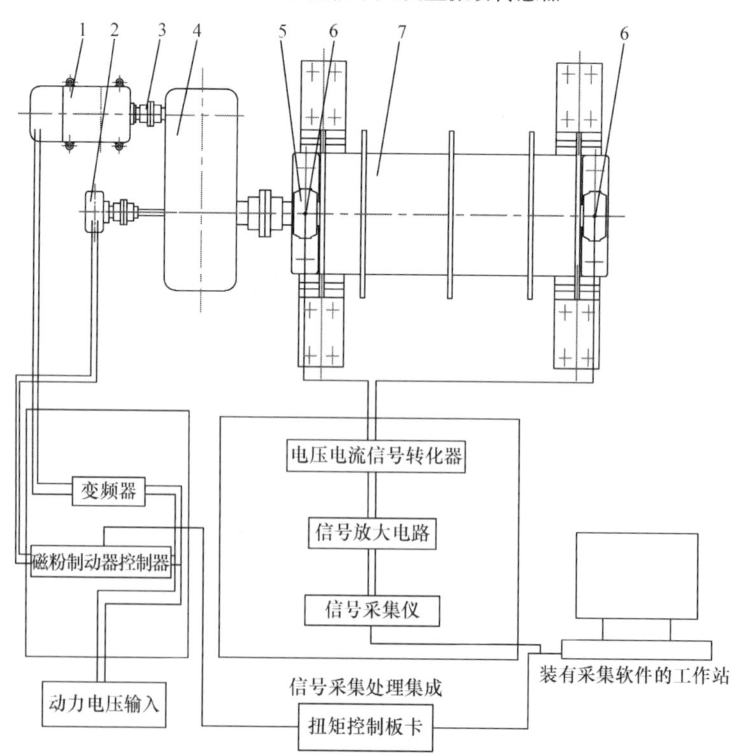

图 6-18　低速转子系统整体的设备接线示意图

1-电机；2-磁粉制动器；3-联轴器；4-减速器；5-轴承；6-振动传感器；7-低速转子(滚筒)

在研制的低速转子系统载荷类型辨识专用试验台上，依次进行了五种载荷类型的辨识试验，即通过扭矩程控系统依次对转子系统施加五种类别的扭矩激励。每次试验仅施加一种参数的扭矩激励，并采集载荷作用下低速转子系统的振动信号、速度信号和电机相电流信号。根据实测获得的各类型载荷所引发的相应转子系统振动信号，即可反向辨识原始加载的各载荷类型。

试验设计共施加五种载荷，试验所加载的各类载荷量值如表 6-3 所示。表中分列了本书试验中需要通过制动器给转子系统依次施加的不同类型与大小的载荷激励。每个试验载荷均对应一次转子系统的加载试验。表 6-3 中的第一列展示了本书试验的载荷种类，共计五类，即冲击载荷、稳态载荷、线性载荷、简谐载荷和暂态载荷。其中，施加冲击载荷时需保持加载 0.2s；施加暂态载荷时需保持加载 3s；施加其他类型载荷时需保持加载 10s 以上。M 表示加载扭矩，单位为 N · m；t 表示时间，单位为 s。以表中第五行为例，第一项表示加载载荷类型为简谐载荷；第二项到第六项依次表示加载简谐载荷 M 的具体量值大小分别是$(\sin 20\pi t+400)$N · m、$(\sin 4\pi t+800)$N · m、$(200\sin 4\pi t+1500)$N · m、$(200\sin 20\pi t+1500)$N · m 以及$(100\sin 4\pi t+1550)$N · m。其他行同理。

表 6-3　低速转子系统试验加载载荷

载荷类型	加载载荷/(N · m)						
冲击	M=400	M=800	M=1400	M=1450	M=1500		
稳态	M=300	M=400	M=600	M=800	M=1000	M=1200	M=1400
线性	M=t+400	M=t+800	M=0.5t+1500	M=t+1500	M=2t+1500		
简谐	M=sin20πt+400	M=sin4πt+800	M=200sin4πt+1500	M=200sin20πt +1500	M=100sin4πt +1550		
暂态	M=400	M=800	M=1400	M=1450	M=1500		

载荷类型	加载载荷/(N · m)						
冲击	M=1550	M=1600	M=1650	M=1700	M=1750		
稳态	M=1450	M=1500	M=1550	M=1600	M=1650	M=1700	M=1750
线性	M= 0.5t+1550	M=t+1550	M=2t+1550	M=0.5t+1600	M=t+1600		
简谐	M=100sin20πt +1550	M=200sin4πt +1550	M=200sin20πt +1550	M=100sin4πt +1600	M=100sin20πt +1600		
暂态	M=1550	M=1600	M=1650	M=1700	M=1750		

每次进行载荷加载，均同步采集相应的转子系统各监测信号，并记录实时监

测数据。

6.4.2 试验过程

该试验过程如下：

(1) 载荷程控系统调试正常后，同时连接调试各传感器、测试线路等。载荷程控系统调试步骤与中速转子系统试验台相同。

(2) 查看试验设备及配件安装正确与否，电源连接正常与否，传感器与采样设备连接与否，制动器与冷却水连接与否，采集信号正常与否等都需要一一检查。

(3) 接通动力电源。开启并检查主控台各按钮与指示，待一切准备就绪，使转子系统开启运行、缓慢升至额定转速。此时，如果可以在信号采集界面观察到电机启动时正常电流的波形图，即可准备依次进行试验项目。

(4) 每个类型与参数的载荷均需对应实施一次载荷辨识试验。可以设置载荷加载单元的载荷参数，通过磁粉制动器为转子系统进行各种类型与参数载荷的分别加载。载荷的类型分别为冲击、稳态、线性、简谐和暂态。

(5) 加载扭矩时开启采集振动信号、速度信号和电机电流信号。

试验注意事项有：低速转子系统的运行对操作人员的要求较高，需按照一定的设计规程启动运行；该试验台外形较大，试验时需格外注意人员与设备安全。其他注意事项参见 6.3.2 节中的相关介绍。

6.5 试验结果对比分析

6.5.1 试验台调试

设计搭建的试验台需要经过调试，以满足设备建造的合理性。低速试验台搭建过程中曾与专业厂家合作调试，各项性能验收合格、工作可靠。因此，本节着重对研制的中速试验台进行调试说明，主要分为以下三个方面。

1. 动平衡调试

试验台设计时考虑到机械共振问题，因此设计试验转速时避开其临界转速。轴系部件加工与安装过程中，均经过了动平衡测试与调整等，确保转子系统运转平稳。试验台固定在水泥浇筑的大型台基上，安全稳固，防止其他额外因素的干扰。

2. 加载调试

图 6-19～图 6-22 为不同参数加载时，通过 ORT 扭矩传感器监测到的数值，可用来验证加载参数的准确性。由图可知，利用载荷程控系统控制磁粉制动器，完全可以实现为转子系统施加所设定类型与参数的载荷激励。也就是说，可以人为精确地控制转子系统的受载类型与大小，从而确保试验加载的正确性。

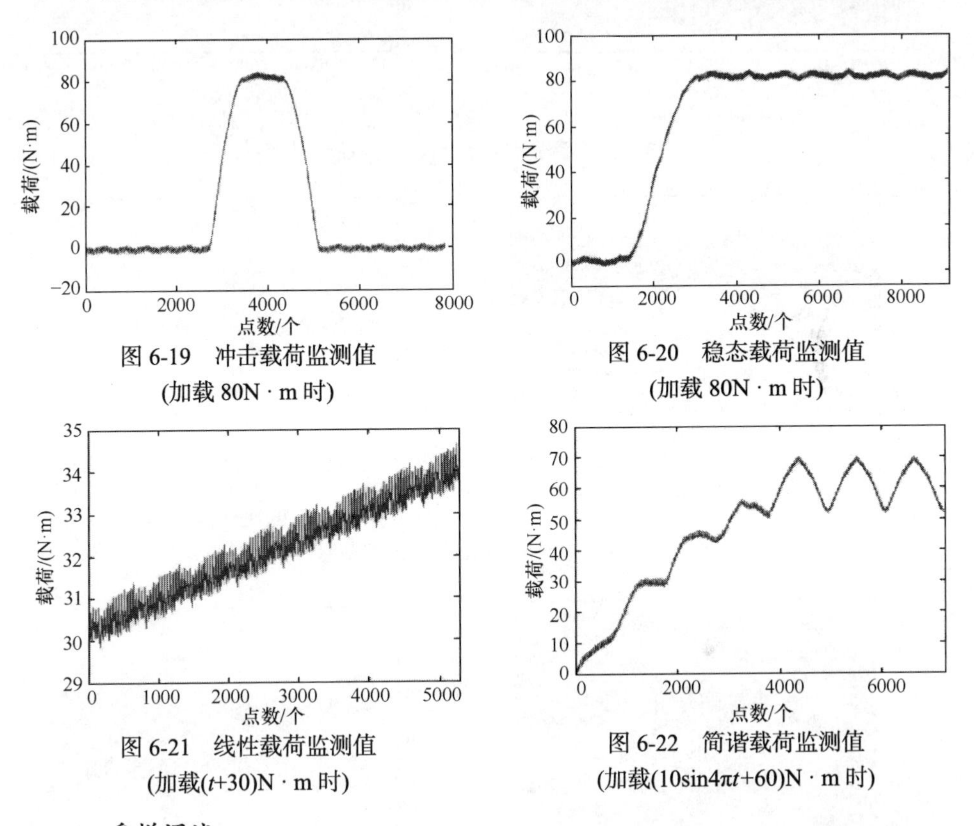

图 6-19　冲击载荷监测值
(加载 80N · m 时)

图 6-20　稳态载荷监测值
(加载 80N · m 时)

图 6-21　线性载荷监测值
(加载$(t+30)$N · m 时)

图 6-22　简谐载荷监测值
(加载$(10\sin 4\pi t+60)$N · m 时)

3. 采样调试

转子系统载荷辨识研究的基本对象是载荷激励下的响应信息，因此需要专门考量所采集到的信息。图 6-23～图 6-26 为试验时中速转子系统试验台受载(不同类型载荷)时的振动与电机电流实测信号。

由图可知，转子系统在不同载荷激励作用下，所产生的响应信息具有各自的表现特征。通过电机电流信息的外包络线，可以直接观察到相对显性的各载荷类型特点。振动信息被噪声所涵盖，虽然各加载载荷特点不可直接显示，但符合理论分析结果。因此，说明试验采集数据有效可信，能够满足载荷辨识方法研究的需要。

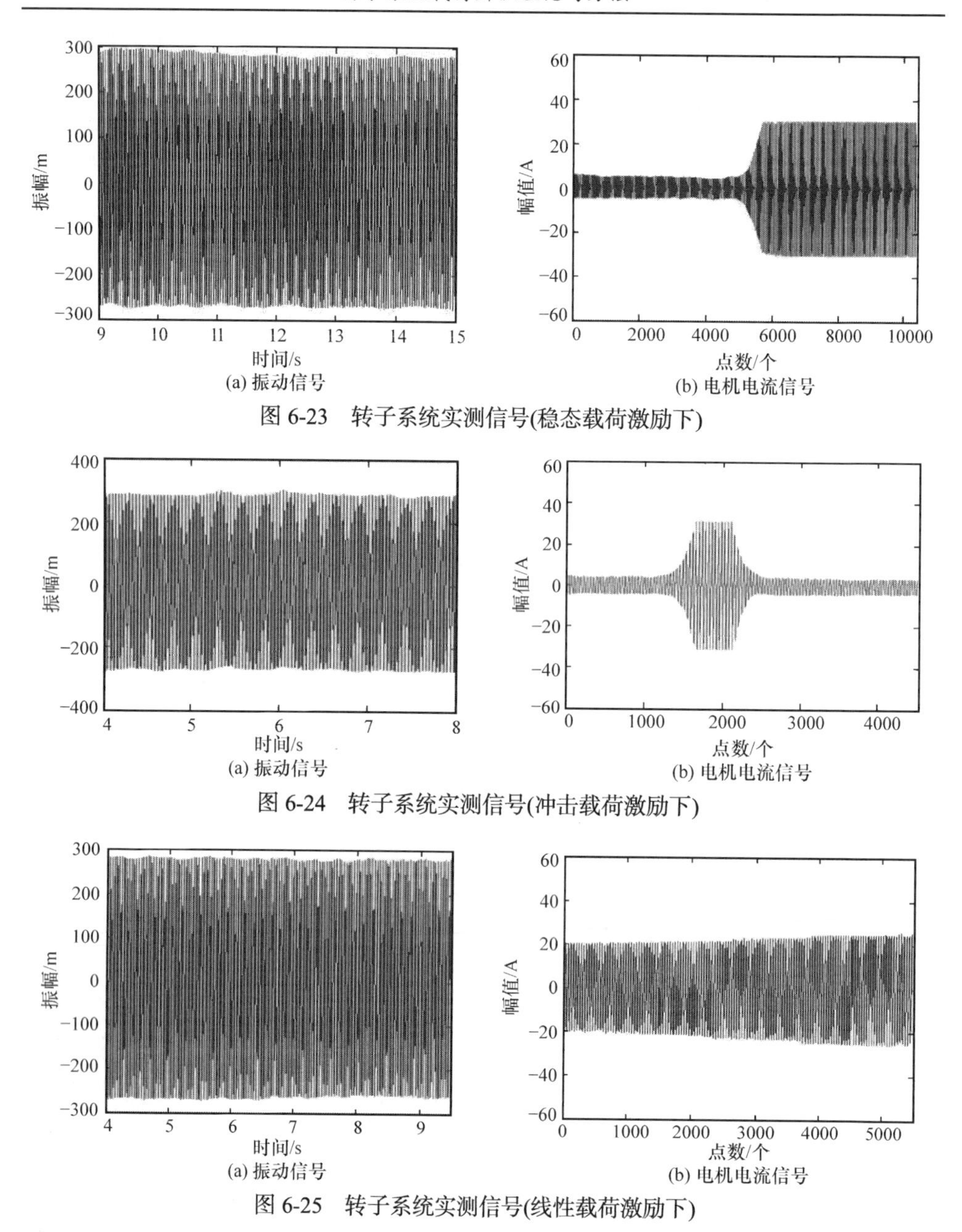

图 6-23　转子系统实测信号(稳态载荷激励下)

图 6-24　转子系统实测信号(冲击载荷激励下)

图 6-25　转子系统实测信号(线性载荷激励下)

6.5.2　试验实测信号

1. 振动信号测试

以低速转子系统试验为例。图 6-27～图 6-31 为不同类型载荷激励下转子系统

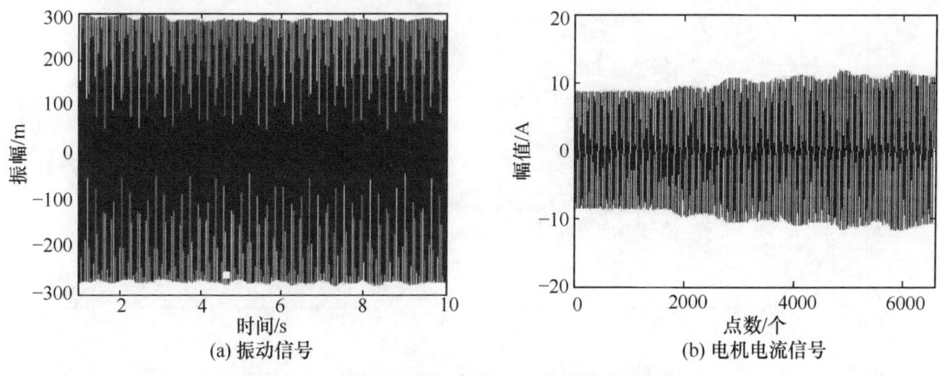

图 6-26　转子系统实测信号(简谐载荷激励下)

振动信息试验的部分测试结果。可以直观地观察到，不同载荷作用下的试验信号与加载类型具有一致的趋势体现。图 6-27 表示第 2s 处开始施加冲击载荷时的振动响应信号；在第 2s 时，x 方向的振动加速度信号幅值发生了较大的突变，反映此时刻的转子系统受到一个瞬间量值较大的载荷作用。图 6-28 说明系统受载后，在第 5～25s 区间，x 方向的振动加速度幅值明显变大，并基本持续保持。由图 6-30 可以看到较明显的振动幅值变化，即在系统受载后，振动信号是随着时间呈现出逐渐增大的线性规律。图 6-30 则对应简谐载荷的加载情况，是在$(\sin 4\pi t+800)$N · m 的简谐载荷下，转子系统 x 方向加速度的试验曲线。图 6-31 展示了 800N · m 暂态载荷作用下，振动加速度信号的变化形态。可以看到，在图片左半边的信号幅值较大，自第 6s 时回落减小；对应了转子系统上暂态载荷的施加与卸载情况。

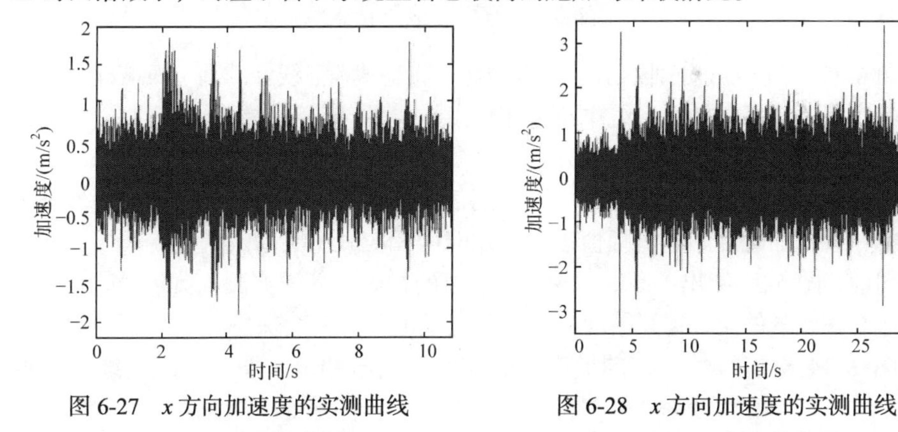

图 6-27　x 方向加速度的实测曲线(800N · m 冲击载荷下)

图 6-28　x 方向加速度的实测曲线(1000N · m 稳态载荷下)

2. 电流信号测试

以中速转子系统试验为例，转子系统在各类型外载荷作用下，对其进行加载试验，获得电机电流实测响应信号。

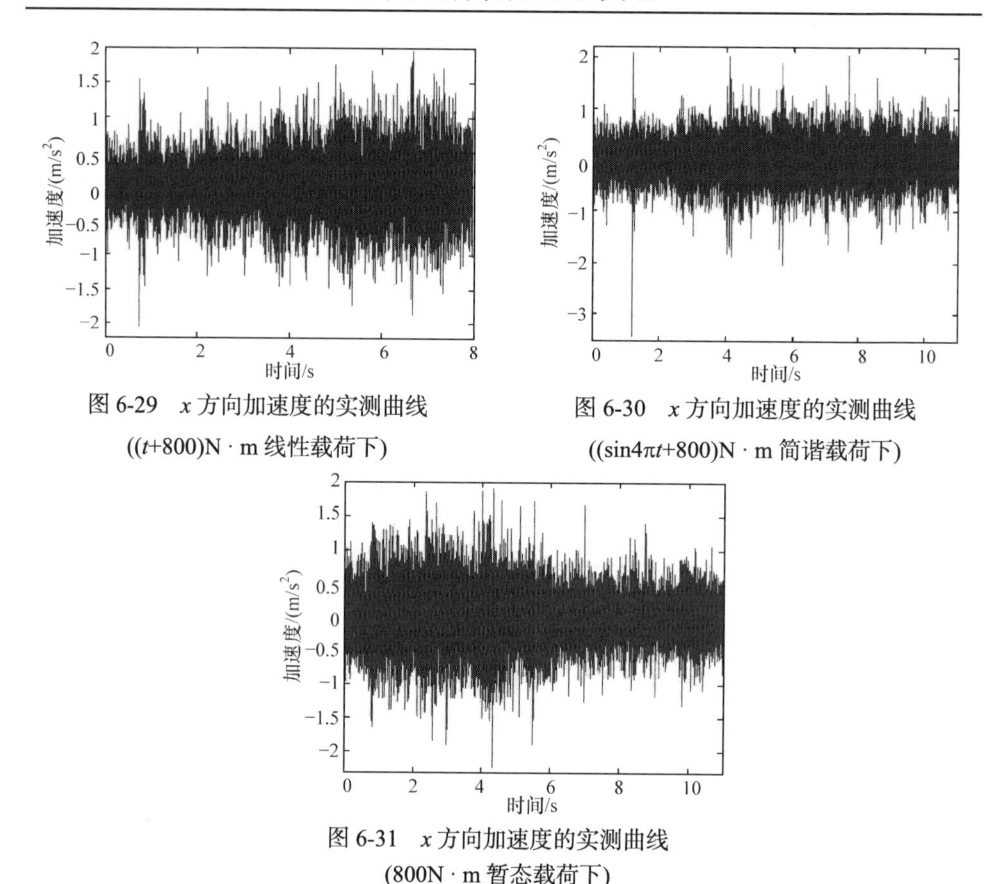

图 6-29　x 方向加速度的实测曲线

((t+800)N · m 线性载荷下)

图 6-30　x 方向加速度的实测曲线

((sin4πt+800)N · m 简谐载荷下)

图 6-31　x 方向加速度的实测曲线

(800N · m 暂态载荷下)

图 6-32～图 6-36 分别给出了冲击载荷、稳态载荷、线性载荷、简谐载荷及暂态载荷作用条件下，转子系统电机电流信息试验的部分测试结果。这些信号的外包络线形态均基本与对应的加载载荷类型属性趋同。

图 6-32 为电流信号时域图，可以看到信号的形态和变化走势与加载的冲击类型基本一致，加载后的电流幅值也在较短时间相应发生突增。

同理，图 6-33 给出了 60N · m 加载量值的稳态载荷下实测电流信号，其外包络线形态在受载的第 56s 开始增大至某稳定量值，并持续保持。

图 6-34 对应线性载荷的加载，响应电流信号幅值也明显呈现出线性递增规律。

图 6-35 是在简谐载荷的作用下，实测得到的电流信息。从图中可以看到，电流外包络线形态基本稳定波动。

由图 6-36 可知，当暂态载荷加载后，相应地，电流幅值随之出现清晰的增大突起，而在卸载后幅值又回落为最初状态。

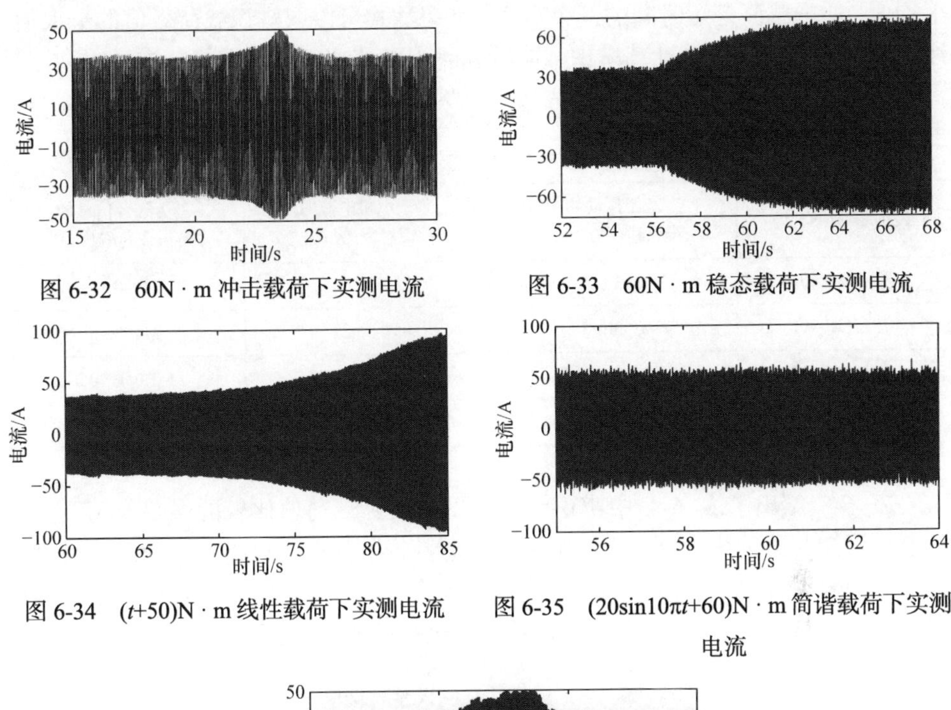

图 6-32　60N · m 冲击载荷下实测电流

图 6-33　60N · m 稳态载荷下实测电流

图 6-34　(t+50)N · m 线性载荷下实测电流

图 6-35　(20sin10πt+60)N · m 简谐载荷下实测电流

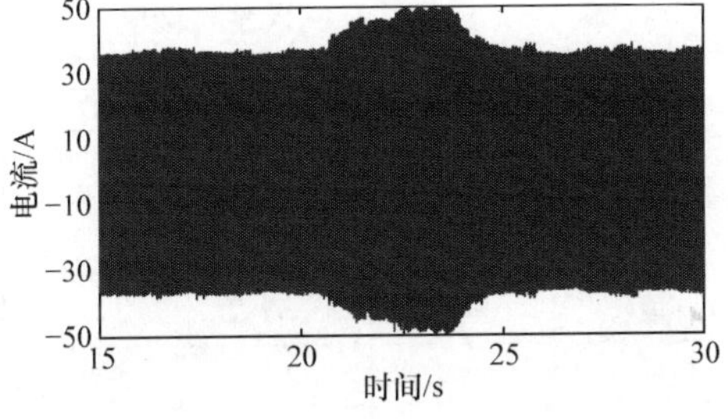

图 6-36　60N · m 暂态载荷下实测电流

6.5.3　载荷定性辨识结果与试验值的对比分析

由前面的分析可知，通过辨识载荷类型与试验载荷类型比较，得到基于振动信息的转子系统载荷定性辨识的平均准确度为 93.5%；基于电流信息的准确度为 95.1%；融合方法在本书辨识中辨识出了所有的测试样本。由此可知，转子系统载荷定型辨识方法能够较好地辨识出加载载荷类型，且满足辨识需要。

6.5.4　载荷定量辨识结果与试验值的对比分析

由前面的分析可知，通过定量辨识载荷与试验载荷值的比较，使用各种方法辨识载荷后获得了辨识结果。稳态载荷为恒值，其表达式可以取辨识载荷数值的平均值；冲击载荷是短时间的一个突变，其表达式可以取辨识载荷数值的最大值；线性载荷的表达式通过计算辨识载荷的起终点幅值获得；简谐载荷表达式利用最大幅值、最小幅值及其频率进行描述。比较结果如表 6-4 所示。

表 6-4 辨识效果比较

施加载荷/(N · m)	基于振动的辨识载荷/(N · m)	基于电机电流的辨识载荷/(N · m)	基于融合信息的辨识载荷/(N · m)
稳态(M=40)	M=39.69	M=40.68	M=40.16
冲击(M=40)	M=36.51	M=36.82	M=43.36
线性(M=t+30)	M=1.059t+29.88	M=0.93t+30.33	M=1.01t+30.21
简谐(M=10sin4πt+40)	M=10.68sin4.28πt+41.26	M=10.60sin4.12πt+40.93	M=10.56sin4.10πt+40.95

表 6-5 给出了表 6-4 中辨识结果与试验实际载荷值比较的误差与精度。由表 6-5 可知，通过载荷定量辨识结果与试验数据的比较，可得到不同载荷类型分别在三种辨识方法下的辨识误差与精度。表中，M 表示载荷，k 和 b 分别为线性载荷的斜率与截距，a、f、b 分别表示简谐载荷的幅值、频率和截距。

表 6-5 辨识结果的误差与精度

<table>
<tr><th colspan="2" rowspan="2">施加载荷/(N · m)</th><th colspan="2">基于振动的辨识</th><th colspan="2">基于电机电流的辨识</th><th colspan="2">基于融合信息的辨识</th></tr>
<tr><th>误差/%</th><th>精度/%</th><th>误差/%</th><th>精度/%</th><th>误差/%</th><th>精度/%</th></tr>
<tr><td>稳态(M=40)</td><td>M</td><td>3.4</td><td>96.6</td><td>1.7</td><td>98.3</td><td>1.8</td><td>98.2</td></tr>
<tr><td>冲击(M=40)</td><td>M</td><td>8.73</td><td>91.3</td><td>7.9</td><td>92.1</td><td>8.4</td><td>91.6</td></tr>
<tr><td rowspan="2">线性(M=t+30)</td><td>k</td><td>6.0</td><td>94.0</td><td>7.0</td><td>93.0</td><td>3.0</td><td>97.0</td></tr>
<tr><td>b</td><td>0.3</td><td>99.7</td><td>1.1</td><td>98.9</td><td>0.9</td><td>99.1</td></tr>
<tr><td rowspan="3">简谐
(M=10sin4πt+40)</td><td>a</td><td>6.8</td><td>93.2</td><td>6.0</td><td>94.0</td><td>5.6</td><td>94.4</td></tr>
<tr><td>f</td><td>7.0</td><td>93.0</td><td>3.0</td><td>95.0</td><td>2.5</td><td>97.5</td></tr>
<tr><td>b</td><td>3.2</td><td>96.8</td><td>2.3</td><td>97.7</td><td>2.4</td><td>97.6</td></tr>
</table>

由此可知，经过与试验值的比较，说明这些辨识方法可以较好地实现转子系统载荷的定量辨识，辨识效果较好，满足辨识需要。

6.5.5 载荷定性辨识方法的对比分析

根据 6.5.3 节中辨识载荷类型与试验载荷类型比较，可以看出，通过转子系统相应信息完全可以实现加载载荷的定性辨识。以本书研究为基础，说明融合信息的类型辨识方法比单源信息的准确度更高。这里的两种单源信息方法辨识性也很好，满足辨识需求；然而，振动信息往往被噪声影响较大，因此电机电流方法常比振动信号方法更容易辨识出载荷类型。

6.5.6　载荷定量辨识方法的对比分析

根据表 6-5 中辨识结果与试验结果的对比，可知载荷定量辨识的效果优良。因此，验证了转子系统载荷定量辨识方法的可行性，为机械装备转子系统动力学设计、载荷辨识、运行工况监测提供了理论依据和试验支持。

对于稳态载荷、线性载荷，三种方法均有较好的定量辨识效果；冲击载荷的定量辨识相对其他载荷类型而言，三种方法的辨识误差均较大；简谐载荷的定量辨识效果不错，以融合信息方法为三者中最佳。

另外，还可以看到，融合信息方法在对稳态载荷、线性载荷、简谐载荷的定性辨识上精度最高，电机电流方法在对冲击载荷辨识上效果最好，对稳态载荷辨识的效果与融合方法相当。振动方法在线性载荷辨识上介于两种方法之间，比电流方法精度略高。

综上所述，融合信息方法在对各类载荷定量辨识的精度上普遍最佳，降低了单源信息方法的偶然性，更加全面反映了转子系统的运行过程规律，进而产生比单一信息源更精确、更完全的估计和判别；电机电流方法的载荷类型辨识精度与融合信息方法近乎相当，尤其在冲击载荷辨识方面，为三种方法中最佳；振动方法辨识效果也较好，但与其余两种方法相比，呈现的误差相对较大。

6.6　小　　结

本章介绍了所研制的两类转子系统载荷辨识试验平台，包括中速台与低速台。根据试验设计方案在两类试验台上完成相应的载荷辨识试验。通过试验对照，验证了前述研究内容的有效性，主要研究内容与结论如下。

(1) 针对本书研究内容，设计与搭建了基于振动与电机电流信号的两类试验平台。这两类旋转机械试验设备，主要由机械与电气两大功能单元组成。前者需要对系统整体的组成结构进行完整的设计、搭建与调试；后者则需要通过施加满足试验要求的负载扭矩以及控制试验设备的运转速度等，实现给转子系统精确施加多类型任意参数的扭矩激励。

(2) 依照所设计的详细试验方案，在两类试验平台上分别进行了基于振动与电机电流信息的载荷辨识试验，并且同步采集到两类转子系统相应的振动与电机电流信息。

(3) 通过载荷辨识结果与试验值的对比，载荷整体辨识的精度较高，表明这些辨识方法能够满足辨识需求。总体来说，融合信息方法比单源信息方法在载荷辨识上效果更佳，它为机械装备转子系统动力学设计、载荷辨识、运行工况监测提供了理论依据和试验支持。

参 考 文 献

[1] Walker D N, Bowler C E J, Baker D H, et al. Torsional dynamics of closely coupled turbine-generators. IEEE Transactions on Power Apparatus and Systems, 1978, 97(4): 1458-1466.

[2] 李益民, 杨百勋, 史志刚, 等. 汽轮机转子事故案例及原因分析. 汽轮机技术, 2007, 49(1): 66-69.

[3] Tang J C. Reader’s guide to subsynchronous resonance. IEEE Transactions on Power Systems, 1992, 7(1): 150-157.

[4] Lambrecht D R. Problems of torsional stresses in the shaft lines of turbine generators. Electra, 1992, 143: 136-140.

[5] 国务院安委办公室. 安委办函〔2015〕40 号:湖南省益阳市振兴煤矿“4.29”较大运输事故. https://www.mem.gov.cn/gk/sgcc/sggpdbqk/2015/201505/t20150505_245675.shtml.[2021-5-5].

[6] Hou L, Chen Y S, Fu Y Q, et al. Nonlinear response and bifurcation analysis of a duffing type rotor model under sine maneuver load. International Journal of Non-Linear Mechanics, 2016, 78: 133-141.

[7] Bessam B, Menacer A, Boumehraz M, et al. Detection of broken rotor bar faults in induction motor at low load using neural network. ISA Transactions, 2016, 64: 241-246.

[8] Husband J B. Developing an efficient FEM structural simulation of a fan blade off test in a turbofan jet engine. Saskatoon: University of Saskatchewan, 2007.

[9] 李震, 桂长林, 李志远. 变载荷作用下轴-轴承系统动力学行为研究. 机械设计与研究, 2005, 21: 12-16.

[10] Yang Z C, Jia Y. The identification of dynamic loads. Advances in Mechanics, 2015, 45: 29-54.

[11] Fu C Y, Shan D S, Li Q. Damage location identification of railway bridge based on vibration response caused by vehicles. Journal of Southwest Jiaotong University, 2011, 46: 719-725, 769.

[12] Du S W. A new method for fault diagnosis of mine hoist based on manifold learning and genetic algorithm optimized support vector machine. Electronics & Electrical Engineering, 2012, 123(7): 99-102.

[13] 张坤, 杨兆建. 转子-轴承系统扭转振动在线监测方法研究. 机械设计与制造, 2017, (4): 163-165.

[14] 赵志宏. 基于振动信号的机械故障特征提取与诊断研究. 北京: 北京交通大学博士学位论文, 2012.

[15] Verma N K, Agrawal A K, Sevakula R K, et al. Improved signal preprocessing techniques for machine fault diagnosis. Proceedings of the IEEE 8th International Conference on Industrial and Information Systems, Peradeniya, 2013: 1-8.

[16] 肖立波, 任建亭, 杨海峰. 振动信号预处理方法研究及其 MATLAB 实现. 计算机仿真, 2010, 27(8): 330-333, 337.

[17] 王金福, 李富才. 机械故障诊断技术中的信号处理方法: 时频分析. 噪声与振动控制, 2013, 33(3): 198-202.

[18] Mark W D, Lee H, Patrick R, et al. A simple frequency-domain algorithm for early detection of damaged gear teeth. Mechanical Systems & Signal Processing, 2010, 24(8): 2807-2823.

[19] Lin Q, Yu S L. A portable digital torsional vibration analysis system and its signal processing. Advanced Materials Research, 2012, 490-495: 1903-1907.

[20] Sharma V, Parey A. Frequency domain averaging based experimental evaluation of gear fault without tachometer for fluctuating speed conditions. Mechanical Systems & Signal Processing, 2017, 85: 278-295.

[21] 柴庆芬, 朱静波. 数字信号处理技术在汽轮机组振动测量中的应用. 仪器仪表用户, 2012, 19(3): 32-34.

[22] 方新磊, 郝伟, 陈宏. 基于频域滤波的加速度信号处理. 仪表技术与传感器, 2012, (4): 94-96.

[23] Pai P F, Nguyen B A, Sundaresan M J. Nonlinearity identification by time-domain-only signal processing. International Journal of Non-Linear Mechanics, 2013, 54: 85-98.

[24] Nuawi M Z, Bahari A R, Abdullah S, et al. Time domain analysis method of the impulse vibro-acoustic signal for fatigue strength characterisation of metallic material. Procedia Engineering, 2013, 66: 539-548.

[25] Léonard F. Time domain cyclostationarity signal-processing tools. Mechanical Systems & Signal Processing, 2015, 62-63: 100-112.

[26] 孔德同, 贾思远, 王天品,等. 基于振动分析的风力发电机故障诊断方法. 发电与空调, 2017, 38(1): 54-58.

[27] 房菁. 基于 LabVIEW 和 MATLAB 的饲料粉碎机振动信号采集与处理. 饲料工业, 2016, 37(11): 16-18.

[28] 程晶晶, 高双, 范云龙, 等. 时域积分的 LWD 振动加速度处理电路. 自动化仪表, 2016, 37(12): 1-4, 9.

[29] 张辛林, 焦卫东. 基于 LMD EMD 故障诊断分析及其研究. 机械研究与应用, 2012, (5): 156-158.

[30] Kumar R, Singh M. Outer race defect width measurement in taper roller bearing using discrete wavelet transform of vibration signal. Measurement, 2013, 46(1): 537-545.

[31] Ahamed S K, Karmakar S, Sarkar A, et al. Diagnosis of broken rotor bar fault of induction motor through envelope analysis of motor start up current using Hilbert and wavelet transform. Innovative Systems Design & Engineering, 2011, 2(4): 163-176.

[32] 刘瑾, 黄健, 叶德超, 等. 旋转叶片振动信号的小波变换去噪处理. 纳米技术与精密工程, 2016, 14(2): 100-105.

[33] 罗小燕, 卢小江, 熊洋, 等. 小波分析球磨机轴承振动信号特征提取方法. 噪声与振动控制, 2016, 36(1): 148-152.

[34] 张征凯, 谷立臣, 杨彬, 等. 基于电机电流信号小波分析的机电液系统故障特征提取方法. 煤矿机械, 2016, 37(6): 161-164.

[35] Huang N E, Shen Z, Long S R, et al. The empirical mode decomposition and the Hilbert

spectrum for nonlinear and non-stationary time series analysis. Proceedings of the Rogal Society of London Series A: Mathematical Physical & Engineering Sciences, 1998, 454: 903-995.
[36] Cai D Q, Xiao H. Vibration fault identification based on coupled EMD and energy distribution. International Conference on Instrumentation & Measurement, Computer Communication and Control, Harbin, 2016: 238-241.
[37] Duan R C, Wang F H. Fault diagnosis of on-load tap-changer in converter transformer based on time-frequency vibration analysis. IEEE Transactions on Industrial Electronics, 2016, 63(6): 3815-3823.
[38] Haran S, Salvino L W, Davidson M A. Analysis of bearing vibration signatures using empirical mode decomposition and Hilbert-Huang transform. SPIE Smart Structures and Materials & Nondestructive Evaluation and Health Monitoring, San Diego, 2007: 1-10.
[39] Wang L J, Yan Y, Hu Y H, et al. Radial vibration measurement of rotary shafts through electrostatic sensing and Hilbert-Huang transform. IEEE International Instrumentation and Measurement Technology Conference Proceedings, Taipei, 2016: 1-5.
[40] 李敏通, 杨青, 宋蒙, 等. 综合模式分量能量及时频域特征的柴油机故障诊断. 农业工程学报, 2012, 28(21): 37-43.
[41] 刘建敏, 李晓磊, 乔新勇, 等. 基于 EMD 和 STFT 柴油机缸盖振动信号时频分析. 噪声与振动控制, 2013, 33(2): 133-137.
[42] 杨仁树, 付晓强, 杨国梁, 等. EMD 和 FSWT 组合方法在爆破振动信号分析中的应用研究. 振动与冲击, 2017, 36(2): 58-64.
[43] Bednarz E T, Zhu W D, Smith S A. Identifying magnitudes and locations of multiple loads and the resultant of a distributed load on a slender beam using strain gage based methods. Experimental Techniques, 2013, 40(1): 15-25.
[44] 周玉清, 孙挪刚, 黎玉刚, 等. 基于电动机电流的数控机床主轴状态监测系统研究. 制造技术与机床, 2011, (3): 71-73.
[45] 张爱成, 党瑞鹏, 赵京广. 电流法在天线传动系统故障及跟踪性能分析中的应用. 电讯技术, 2011, 51(2): 90-93.
[46] 陈桦, 程云艳. BP 神经网络算法的改进及在 MATLAB 中的实现. 陕西科技大学学报, 2004, 22: 45-47.
[47] Goktas T, Zafarani M, Akin B. Discernment of broken magnet and static eccentricity faults in permanent magnet synchronous motors. IEEE Transactions on Energy Conversion, 2016, 31(2): 578-587.
[48] Ahonen T, Kortelainen J T, Tamminen J K, et al. Centrifugal pump operation monitoring with motor phase current measurement. International Journal of Electrical Power & Energy Systems, 2012, 42(1): 188-195.
[49] Cameron J R, Thomson W T, Dow A B. Vibration and current monitoring for detecting airgap eccentricity in large induction motors. IEE Proceedings B (Electric Power Applications), 1986, 133(3): 155-163.
[50] Schoen R R, Habetler T G, Kamran F, et al. Motor bearing damage detection using stator current monitoring. IEEE Transactions on Industry Applications, 1995, 31(6):1274-1279.

[51] Obaid R R, Habetler T G, Tallam R M. Detecting load unbalance and shaft misalignment using stator current in inverter-driven induction motors. IEEE International Electric Machines and Drives Conference, Madison 2003: 1454-1458.

[52] Zhen D, Wang T, Gu F, et al. Fault diagnosis of motor drives using stator current signal analysis based on dynamic time warping. Mechanical Systems & Signal Processing, 2013, 34(1-2): 191-202.

[53] Gu F, Shao Y, Hu N, et al. Electrical motor current signal analysis using a modified bispectrum for fault diagnosis of downstream mechanical equipment. Mechanical Systems & Signal Processing, 2011, 25(1): 360-372.

[54] Zhen D, Alibarbar A, Zhou X, et al. Electrical motor current signal analysis using a dynamic time warping method for fault diagnosis. Journal of Physics Conference Series, 2011, 305(1): 012093.

[55] Haram M, Wang T, Gu F, et al. Electrical motor current signal analysis using a modulation signal bispectrum for the fault diagnosis of a gearbox downstream. Journal of Physics: Conference Series, 2012, 364: 12050-12062.

[56] Zhen D, Zhao H L, Gu F, et al. Phase-compensation-based dynamic time warping for fault diagnosis using the motor current signal. Measurement Science & Technology, 2012, 23(5): 462-467.

[57] Alwodai A, Yuan X, Shao Y, et al. Modulation signal bispectrum analysis of motor current signals for stator fault diagnosis. IEEE International Conference on Automation and Computing, Loughborough, 2012: 1-6.

[58] 陈松林, 王维俭, 王祥珩, 等. 汽轮发电机定子绕组内部故障规律和保护方案的研究. 电力系统自动化, 2000, 24: 42-45.

[59] 孙宇光, 王祥珩, 欧阳蓓, 等. 凸极同步发电机定子绕组内部故障的瞬态计算及有关保护方案的分析. 电工技术学报, 2001, 16: 3-8.

[60] 刘立生, 邱阿瑞. 希尔伯特变换在电机故障诊断中的应用. 电工电能新技术, 1999, 18(2): 33-36.

[61] 邱阿瑞, 孙健. 电机故障模式识别与诊断. 清华大学学报(自然科学版), 1999, 39(3): 72-74.

[62] 郑利兵, 熊诗波, 杨洁明. 基于定子电流监测机械系统扭转振动的研究. 机械管理开发, 2002, (z1): 1-2.

[63] 黄禹忠, 诸林, 何红梅. 用电机运行电流检测离心泵的工况特性. 化工装备技术, 2003, 24(4): 43-44.

[64] 宋彦兵, 方瑞明, 卢小芬, 等. 基于改进的 MCSA 法的变频电机转子故障诊断. 电机与控制应用, 2009, 36(3): 38-42.

[65] 赵向阳, 葛文韬. 基于定子电流法监测无刷直流电动机转子动态偏心的故障模型仿真研究. 中国电机工程学报, 2011, 31(36): 124-130.

[66] 杨江天, 赵明元, 张志强, 等. 基于定子电流小波包分析的牵引电机轴承故障诊断. 铁道学报, 2013, 35(2): 32-36.

[67] 刘向群, 杨静, 刘军, 等. 基于参数估计和人工神经元网络的永磁直流电动机故障检测与诊断. 微特电机, 1999, 27(6): 8-12.

[68] 沈善德. 电力系统辨识. 北京: 清华大学出版社, 1993.

[69] Isermann R. Process fault detection based on modeling and estimation methods—A survey.

Automatica, 1984, 20: 387-404.
[70] 陈循, 田江红, 温熙森, 等. 阶比谱分析与汽车起动电机故障的实时诊断. 国防科技大学学报, 1996, 18(4): 44-48.
[71] 李湧, 韩崇昭, 徐为群, 等. 非线性频谱分析在故障诊断中的应用. 西安交通大学学报, 2000, 34(9): 103-105.
[72] 岳国良, 万栗, 张建忠, 等. 异步电机鼠笼转子断条的频谱分析及诊断. 河北电力技术, 1999, 18(5): 19-22.
[73] 王凤昌, 李面换. 异步电机故障的电流监测和诊断. 哈尔滨工业大学学报, 1994, 26(6): 88-93.
[74] Nejjari H, Benbouzid M E H. Monitoring and diagnosis of induction motors electrical faults using a current Park's vector pattern learning approach. IEEE Transactions on Industry Applications, 2000, 36(3): 730-735.
[75] Benbouzid M E H, Vieira M, Theys C. Induction motors' faults detection and localization using stator current advanced signal processing techniques. IEEE Transactions on Power Electronics, 1999, 14(1): 14-22.
[76] Rankin D R. The industrial application of phase current analysis to detect rotor winding faults in squirrel cage induction motors. Power Engineering Journal, 1995, (9): 77-84.
[77] 何友, 关欣, 王国宏. 多传感器信息融合研究进展与展望. 宇航学报, 2005, 26(4): 524-530.
[78] 韩增奇, 于俊杰, 李宁霞, 等. 信息融合技术综述. 情报杂志, 2010, 29(S1): 110-114.
[79] 李弼程. 信息融合技术及其应用. 北京: 国防工业出版社, 2010.
[80] 郑伟, 戴进. 多传感器信息融合技术在工业中的应用. 中国电力教育, 2007, (S3): 172-174.
[81] Basir O, Yuan X H. Engine fault diagnosis based on multi-sensor information fusion using Dempster-Shafer evidence theory. Information Fusion, 2007, 8(4): 379-386.
[82] Safizadeh M S, Latifi S K. Using multi-sensor data fusion for vibration fault diagnosis of rolling element bearings by accelerometer and load cell. Information Fusion, 2014, 18: 1-8.
[83] Niu G, Han T, Yang B S, et al. Multi-agent decision fusion for motor fault diagnosis. Mechanical Systems & Signal Processing, 2007, 21(3): 1285-1299.
[84] Chen X, Jousselme A L, Valin P, et al. Stochastic fusion of heterogeneous multisensor information for robust data-to-decision. Proceedings of the 11th International Conference on Information Fusion, Istanbul, 2013: 2185-2191.
[85] Cai B P, Liu Y H, Fan Q, et al. Multi-source information fusion based fault diagnosis of ground-source heat pump using Bayesian network. Applied Energy, 2014, 114: 1-9.
[86] Saimurugan M, Ramprasad R. A dual sensor signal fusion approach for detection of faults in rotating machines. Journal of Vibration & Control, 2018, 24(12): 2621-2630.
[87] 张唐瑭, 王少红, 徐小力. 基于信息融合技术的烟气轮机故障诊断系统研究. 机械工程与自动化, 2008, (6): 92-94.
[88] 黄银花. 基于数据融合的滚动轴承故障诊断研究. 电气传动自动化, 2011, 33(3): 56-59.
[89] 嵇斗, 王向军. 一种电机故障信息融合诊断方法研究. 中国电路与系统学术年会暨 2007 年港澳内地电子信息学术研讨会, 深圳, 2007: 106-109.
[90] 孙卫祥, 陈进, 伍星, 等. 基于信息融合的支撑座早期松动故障诊断. 上海交通大学学报,

2006, 40(2): 239-242, 247.
[91] 田寅, 董宏辉, 贾利民, 等. 用于车辆分类的多传感器车型特征融合算法. 华南理工大学学报(自然科学版), 2014, 42(3): 52-58.
[92] 焦琴琴, 牛力瑶, 孙壮文. 基于车辆声音及震动信号相融合的车型识别. 微型机与应用, 2015, 34(11): 79-82.
[93] 郑建颖, 徐斌, 江建洪, 等. 基于磁传感器和超声波传感器融合的车辆检测系统及方法: CN106448187A. 2017-02-22[2017-10-2].
[94] 王江萍, 娄尚, 杨志芹. 一种机械故障诊断多传感器数据融合特征提取的方法. 西安石油大学学报(自然科学版), 2017, 32(1): 113-118.
[95] 徐健, 张军. 基于信号融合的动平衡转子故障诊断研究. 制造技术与机床, 2016, (12): 58-60, 65.
[96] 朱永红, 李良英, 姚杰, 等. 信息融合技术及其在陶瓷工程中的应用前景. 中国陶瓷工业, 2006, 13(3): 46-50.
[97] 王耀南, 李树涛. 多传感器信息融合及其应用综述. 控制与决策, 2001, 16(5): 518-522.
[98] 王凤朝, 黄树采, 韩朝超. 多传感器信息融合及其新技术研究. 航空计算技术, 2009, 39(1): 102-106.
[99] 傅志方. 振动模态分析与参数辨识. 北京: 机械工业出版社, 1990.
[100] Marchuk G I. Methods of Numerical Mathematics. Berlin: Springer-Verlag, 1982.
[101] 许锋, 陈怀海, 鲍明. 机械振动载荷识别研究的现状与未来. 中国机械工程, 2002, 13(6): 526.
[102] Wang B T. Prediction of impact and harmonic forces acting on arbitrary structures: Theoretical formulation. Mechanical Systems & Signal Processing, 2002, 16: 935-953.
[103] 瞿伟廉, 王锦文. 振动结构动态荷载识别综述. 华中科技大学学报(城市科学版), 2004, 21(4): 1-4, 8.
[104] Yu L, Chan T H T. Recent research on identification of moving loads on bridges. Journal of Sound & Vibration, 2007, 305(1-2): 3-21.
[105] Dobson B J, Rider E. A review of the indirect calculation of excitation forces from measured structural response data. ARCHIVE Proceedings of the Institution of Mechanical Engineers Part C Journal of Mechanical Engineering Science, 1990, 204(2): 69-75.
[106] Inoue H, Harrigan J J, Reid S R. Review of inverse analysis for indirect measurement of impact force. Applied Mechanics Reviews, 2001, 54(6): 503.
[107] Jankowski L. Off-line identification of dynamic loads. Structural & Multidisciplinary Optimization, 2009, 37(6): 609-623.
[108] Klinikov M, Fritzen C P. An updated comparison of the force reconstruction methods. Key Engineering Materials, 2007, 347: 461-466.
[109] Stanco M, Kosobudzki M. The loads identification acting on the 4×4 truck. Materials Today: Proceedings, 2016, 3(4): 1167-1170.
[110] Movahedian B, Boroomand B. Inverse identification of time-harmonic loads acting on thin plates using approximated Green's functions. Inverse Problems in Science & Engineering, 2016, 24(8): 1475-1493.

[111] Gao W, Yu K P, Gai X N. A moving average method for load identification based on variable scale integral. Enginerring Mechanics, 2016, 33(7): 39-47.

[112] 周盼, 张权, 率志君, 等. 动载荷识别时域方法的研究现状与发展趋势. 噪声与振动控制, 2014, 34(1): 6-11.

[113] 杨智春, 贾有. 动载荷的识别方法. 力学进展, 2015, 45: 29-54.

[114] Stevens K K. Force identification problems-an overview. Proceedings of the 1987 SEM Spring Conference on Experimental Mechanics, Houston, 1987: 838-844.

[115] 李万新, 张景绘, 邱阳. 载荷确定技术及直升飞机载荷识别. 第二届全国振动会议, 北京, 1984: 1-5.

[116] 刘恒春, 朱德懋, 孙久厚. 振动载荷识别的奇异值分解法. 振动工程学报, 1990, 3(1): 24-33.

[117] 唐秀近. 动态力识别的时域方法. 大连工学院学报, 1987, 27(4): 21-28.

[118] 初良成, 曲乃泗, 邬瑞锋. 动态载荷识别的时域正演方法. 应用力学学报, 1994, 11(2): 9-18.

[119] 胡寅寅, 率志君, 李玩幽, 等. 设备载荷识别与激励源特性的研究现状. 噪声与振动控制, 2011, 31(4): 1-5, 15.

[120] Bartlett F D, Flannelly W G. Model verification of force determination for measuring vibratory-6 loads. Journal of the American Helicopter Society, 1979, 24(2): 10-18.

[121] Hansen M, Starkey J M. On predicting and fin-proving the condition of modal-model-based indirect force measurement algorithms. Proceedings of the 8th IMAC, 1990: 1-3.

[122] Karlsson S E S. Identification of external structural loads from measured harmonic responses. Journal of Sound & Vibration, 1996, 196(1): 59-74.

[123] Troclet B, Alestra S, Srithammavanh V, et al. A time domain inverse method for identification of random acoustic sources at launch vehicle lift-off. Journal of Vibration & Acoustics, 2011, 133: 1-11.

[124] Giansante N, Jones R, Calapodas N J. Determination of in-flight helicopter loads. Journal of the American Helicopter Society, 1982, 27(3): 58-64.

[125] Xu S W, Deng X M, Tiwari V, et al. An inverse approach for pressure load identification. International Journal of Impact Engineering, 2010, 37(7): 865-877.

[126] 宋波, 刘鲁宁, 宋方臻. 离心机转子系统载荷识别初探. 中国建材装备, 2002, (1): 46-47.

[127] Yan G, Zhou L. Impact load identification of composite structure using genetic algorithms. Journal of Sound & Vibration, 2009, 319(3-5): 869-884.

[128] Hashemi R, Kargarnovin M H. Vibration base identification of impact force using genetic algorithm. International Journal of Mechanical Systems Science & Engineering, 2007, (4): 204.

[129] Williams M E, Hoit M I. Bridge pier live load analysis using neural networks. International Conference on Engineering Computational Technology, 2004: 197-198.

[130] Lin J H, Guo X L, Zhi H, et al. Computer simulation of structural random loading identification. Computers & Structures, 2001, 79(4): 375-387.

[131] 王晓梅. 神经网络导论. 北京: 科学出版社, 2017.

[132] Shao Y M, Liang J, Gu F S, et al. Fault prognosis and diagnosis of an automotive rear axle gear using a RBF-BP neural network. The 9th International Conference on Damage Assessment of Structures (DAMAS), 2011: 1-11.
[133] 朱奥辉, 傅攀, 陈官林. 声发射机械密封端面摩擦状态识别. 中国测试, 2016, 42(9): 101-104.
[134] Yu D L, Deng S C, Zhang Y M, et al. Working condition diagnosis method based on SVM of submersible plunger pump. Transactions of China Electrotechnical Society, 2013, 28(4): 248-254, 284.
[135] Zhang Z F, Fu J P, Miao J S, et al. Research on the fault diagnosis technology of the water-projectile test posterior to the gun repair. Journal of Gun Launch & Control, 2017, 38(1): 95-100.
[136] Li B, Chow M Y, Tipsuwan Y, et al. Neural-network-based motor rolling bearing fault diagnosis. IEEE Transactions on Industrial Electronics, 2000, 47(5): 1060-1069.
[137] 杜极生. 轴系扭转振动的试验、监测和仪器. 南京: 东南大学出版社, 1994.
[138] 熊平, 赵登峰, 曾国英, 等. 激光测量旋转部件综合振动的新方法. 机械设计与制造, 2012, (8): 143-145.
[139] Simpson D G, Lamb D G S. A laser doppler system for measurement of torsional vibration. NEL Report Department of Industry, 1997: 639.
[140] Vance J M, French R S. Measurement of torsional vibration in rotating machinery. Journal of Mechanical Design, Transactions of the ASME, 1986, 108(4): 566-577.
[141] Turplin W A. Torsional Vibration. London: Sir Issac Pitman & Sons, 1966.
[142] 杜极生. 汽轮发电机的扭振测试和微机扭振仪的研制. 发电设备, 1990, 3(5): 16.
[143] 白天驹. 基于小波与感应电机电流的齿轮箱系统故障诊断. 沈阳: 东北大学硕士学位论文, 2009.
[144] 董加成, 陈晓光, 徐光华, 等. 基于机床电机电流信息的分析诊断研究. 机床与液压, 2011, 39(19): 133-136.
[145] Soualhi A, Clerc G, Razik H. Detection and diagnosis of faults in induction motor using an improved artificial ant clustering technique. IEEE Transactions on Industrial Electronics, 2013, 60(9): 4053-4062.
[146] Çalis H, Fidan H. Motor condition monitoring based on time-frequency analysis of stator current signal. International Journal of Modeling & Optimization, 2015, 5(1): 36-39.
[147] Bravo I I, Ardakani H D, Liu Z C, et al. Motor current signature analysis for gearbox condition monitoring under transient speeds using wavelet analysis and dual-level time synchronous averaging. Mechanical Systems & Signal Processing, 2017, 94: 73-84.
[148] Zhang R L, Gu F S, Mansaf H, et al. Gear wear monitoring by modulation signal bispectrum based on motor current signal analysis. Mechanical Systems & Signal Processing, 2017, 94: 202-213.
[149] 张东花, 梁俊, 屠秉慧. 无刷直流电机电流检测新技术. 电测与仪表, 2011, 48(6): 19-22.
[150] 张冉, 赵宁, 邵长彬, 等. 电流信号分析法在油田高压电机监测中的应用. 中国设备工程, 2014, (5): 68-69.

[151] 邱志斌, 阮江军, 黄道春, 等. 基于电机电流检测的高压隔离开关机械故障诊断. 中国电机工程学报, 2015, 35(13): 3459-3466.
[152] 张征凯, 谷立臣, 曹向辉, 等. 基于最优小波包的电机定子电流故障特征提取方法. 煤矿机械, 2016, 37(8): 149-151.
[153] 汪虎强, 陈建政. 三相电机电流检测系统的设计及实现. 无线互联科技, 2016, (3): 63-65.
[154] 苟兵. 基于 PLC 控制系统实现电机电流在线检测方法的应用. 酒钢科技, 2016, (1): 56-58.
[155] 袁惠群. 转子动力学基础. 北京: 冶金工业出版社, 2013.
[156] 虞烈, 刘恒, 王为民, 等. 轴承转子系统动力学. 西安: 西安交通大学出版社, 2016.
[157] 庞新宇. 多支承转子系统轴承载荷与振动耦合特性研究. 太原: 太原理工大学, 2011.
[158] Yuan Z W, Chu F L, Hao R J. Simulation of rotor's axial rub-impact in full degrees of freedom. Mechanism & Machine Theory, 2007, 42(7): 763-775.
[159] 刘京铄, 李光中, 安学利. 不平衡转子弯扭耦合外激励振动特性. 郑州大学学报(工学版), 2008, 29(3): 76-80.
[160] 贾九红, 沈小要. 外激励作用下不平衡转子系统弯扭耦合非线性振动特性研究. 汽轮机技术, 2010, 52(1): 45-48.
[161] Kato M, Ota H, Kato R. Lateral-torsional coupled vibrations of a rotating shaft driven by a universal joint: Derivation of equations of motion and asymptotic analyses. JSME International Series 3, Vibration, Control Engineering, Engineering for Industry, 1988, 31(1): 68-74.
[162] Nataraj C. On the interaction of torsion and bending in rotating shafts. Journal of Applied Mechanics, 1993, 60(1): 239-241.
[163] 张坤, 杨兆建, 线性载荷下提升机转子系统动力学特性研究. 煤炭技术, 2017, 36(1): 240-242.
[164] 陈伯时. 电力拖动自动控制系统: 运动控制系统. 北京: 机械工业出版社, 2003.
[165] 林利红. 永磁交流伺服精密驱动系统机电耦合动力学分析与实验. 重庆: 重庆大学博士学位论文, 2009.
[166] Sawalhi N, Randall R B. The application of spectral kurtosis to bearing diagnaosis. Proceedings of Acoustics, Gold Coast, 2004: 393-398.
[167] Su W, Wang F, Zhu H, et al. Feature extraction of rolling element bearing fault using wavelet packet sample entropy. Journal of Vibration Measurement & Diagnosis, 2011, 31: 162-380.
[168] Fang Y, Shen F, Qiu K. The new method of rayleigh wave signal purification based on EMD. Earthquake Engineering & Engineering Dynamics, 2017, (1): 64-71.
[169] Zhang M L, Wang T Z, Tang T H, et al. An imbalance fault detection method based on data normalization and EMD for marine current turbines. ISA Transactions, 2017, 68: 302-312.
[170] Wu Z H, Huang N E. Ensemble empirical mode decomposition: A noise assisted data analysis method. Advances in Adaptive Data Analysis, 2009, 1(1): 1-41.
[171] Mo J L, He Q, Hu W P. An adaptive threshold de-noising method based on EEMD. IEEE International Conference on Signal Processing, Communications and Computing, Guilin, 2014: 209-214.
[172] Zhang K, Yang Z J. Identification of load categories in rotor system based on vibration analysis. Sensors, 2017, 17(7): 1676.

[173] 丁玲, 张晓彤. 人工神经网络在含氧有机化合物定量结构-保留关系中的应用. 辽宁化工, 2011, 40(3): 259-261.

[174] Zhao G, Wang H, Liu G, et al. Optimization of stripping voltammetric sensor by a back propagation artificial neural network for the accurate determination of Pb(II) in the presence of Cd(II). Sensors, 2016, 16(9): 1540.

[175] 黄广炜, 赵万生. 基于极限学习机的工件厚度辨识研究. 电加工与模具, 2017, (4): 5-9.

[176] 段向阳, 王永生, 苏永生. 基于奇异值分解的信号特征提取方法研究. 振动与冲击, 2009, 28(1): 30-33, 201.

[177] 刘涵, 梁莉莉, 黄令帅. 基于分块奇异值分解的两级图像去噪算法. 自动化学报, 2015, 41(2): 439-444.

[178] 赵学智, 叶邦彦, 林颖. 奇异值分解对轴承振动信号中调幅特征信息的提取. 北京理工大学学报, 2011, 31(5): 572-577.

[179] 刘佳音, 于晓光, 金鹏飞, 等. 基于奇异值分解降噪方法的大型风机故障诊断研究. 辽宁科技大学学报, 2016, 39(4): 284-291.

[180] 王臻, 李承, 张舜钦, 等. 基于改进矩阵束滤波与检测的异步电动机故障诊断新方法. 电工技术学报, 2015, 30(12): 213-219.

[181] 许伯强, 董俊杰. 基于 SVD-ESPRIT 与 PSO 的笼型异步电机转子断条故障检测. 电机与控制应用, 2016, 43(3): 93-99.

[182] Golafshan R, Sanliturk K Y. SVD and Hankel matrix based de-noising approach for ball bearing fault detection and its assessment using artificial faults. Mechanical Systems & Signal Processing, 2016, S70-71: 36-50.

[183] Lian L N, Li B, Liu H Q. Study of spindle current signals for tool breakage detection in milling. Advanced Materials Research, 2013, 853: 482-487.

[184] 翟亚宁, 杨兆建. 基于小波包能量谱和 BP 神经网络的转子系统扭矩激励识别. 中国农机化学报, 2015, 36(3): 194-198.

[185] 李哲洙, 高培鑫, 赵大哲, 等. 基于小波包与分形组合技术在变压力下液压管路振动信号分析研究. 计算机工程与科学, 2016, 38(4): 807-813.

[186] 熊正华, 曾毅彪, 曹玉佩, 等. 基于小波包汽轮机货油泵振动信号仿真分析. 中国修船, 2017, 30(2): 18-22.

[187] 许允之, 邵昊舒, 牛小玲, 等. 基于遗传算法和小波包分析的异步鼠笼电动机故障诊断方法探究. 煤矿机电, 2017, (3): 55-58.

[188] Ogbulafor U, Gu F, Mones Z, et al. Application of wavelet packet transform and envelope analysis to non-stationary vibration signals for fault diagnosis of a reciprocating compressor. World Congress on Condition Monitoring, 2017: 1-12.

[189] Imaouchen Y, Alkama R, Thomas M. Bearing fault detection using motor current signal analysis based on wavelet packet decomposition and Hilbert envelope. EDP Sciences, 2015, 20(1): 1-5.

[190] 马宏忠, 姚华阳, 黎华敏. 基于 Hilbert 模量频谱分析的异步电机转子断条故障研究. 电机与控制学报, 2009, 13(3): 371-376.

[191] 徐源春. 基于卡尔曼滤波和 LQR 算法的两轮自平衡巡检机器人的设计与应用. 南昌: 南

昌大学硕士学位论文, 2015.
[192] 强添纲, 辛雨蔚, 田广东, 等. 基于广义回归神经网络的车辆制动距离预测. 森林工程, 2014, 30(1): 73-75.
[193] 王文才, 王瑞智, 孙宝雷, 等. 基于广义回归神经网络 GRNN 的矿井瓦斯含量预测. 中国煤层气, 2010, 7(1): 37-41.
[194] 胡水镜. 基于 GRNN 神经网络的 ADS-B 系统故障率预测. 现代电子技术, 2014, 37(15): 107-109.
[195] 陈东超, 徐婧, 洪瑞新, 等. 基于广义回归神经网络的旋转机械振动特征预测. 汽轮机技术, 2015, 57(5): 360-362.
[196] 王建星, 付忠广, 靳涛, 等. 基于广义回归神经网络的机组主蒸汽流量测定. 动力工程学报, 2012, 32(2): 130-134, 158.
[197] 祝博荟. 基于深度与视觉信息融合的行人检测与再识别研究. 上海: 东华大学博士学位论文, 2013.
[198] 陈果, 周伽. 小样本数据的支持向量机回归模型参数及预测区间研究. 计量学报, 2008, 29: 92-96.
[199] 章光, 岳晓光, 胡刚毅, 等. SVMR 在爆破振速预测中的应用. 矿业研究与开发, 2014, 34(5): 108-111.
[200] Fang N, Ji D M, Yao X P, et al. Model of the stress correction coefficient of steam turbine rotors based on SVR. Journal of Chinese Society of Power Engineering, 2010, 30(3): 166-169.
[201] 王文剑, 门昌骞. 支持向量机建模及应用. 北京: 科学出版社, 2014.
[202] 王艳梅, 张艳珠, 郑成文. 基于支持向量机的人脸识别方法的研究. 控制工程, 2013, 20(s1): 195-197.